与城市共生长
武汉规划实施探索与实践20年

U0331077

武汉市自然资源保护利用中心 编著

郑振华 李延新 汪 云 亢德芝 陈 伟 等

中国建筑工业出版社

《与城市共生长　武汉规划实施探索与实践 20 年》
编写委员会

主　　任：郑振华

副 主 任：李延新　汪　云　亢德芝　陈　伟

委　　员：熊　威　彭　阳　何　浩　柳应飞　徐桢敏　付雄武　王文静　张翼峰

　　　　　张剑龙　赵　杨　刘一凡　董　立　胡　珊

主要编写：晏　艳　郑　金　唐佳林　杨　俊　魏　鹏　亢晶晶　曹玉洁　洪孟良

　　　　　张汉生　何　博　徐　剑　庄　慧　周　颖　雷　媛　邹润涛

参编人员：肖　璇　汤　云　晏学丽　何　蕾　李　励　戚晓璇　邓　星　全梦琪

　　　　　田心怡　吴　荡　刘森保　李　男　张　丽　付　珺　孙　佳　曾启华

采　　编：王亚欣　李晓彤
（长江日报）

序

　　城市是本流动的诗集，里面写满了生活的热望，闪烁着智慧的光芒。在深耕武汉的20年里，武汉市自然资源保护利用中心（简称"中心"）将城市理想深深植入城市的发展脉络中，在这部诗集里解读着时间与空间的艺术。

　　光影逐梦20年间，14亿人进入现代化的中国，正加速着城市文明进程。从亦步亦趋遵循传统城市发展的模板，到蹚出具有中国特色的城市发展新路径，我们的城市与国家一道经历了世界历史上规模最大、速度最快的城镇化进程。

　　武汉，作为人口过千万的超大城市，如今正处在向国家中心城市跃升的关键阶段。国家治理所蕴含的城市课题在武汉得以集中展现。何其有幸，我们在这中国现代理想城市的构建与探索之路中伴随武汉一路成长，既是时代的见证者，也是时代的参与者。

　　时光倒转20年，"武汉土拍第一槌"在时代的风云变幻中敲响。伴随着武汉规划用地改革，中心应运而生。

　　在地产建设的飞轮驱动下，中国城镇化进程滚滚向前，市场经济的繁荣呼之欲出，城市蓄积的内在力量冲破泥土。与此同时，城市活力激荡与规划有序之间的矛盾也开始凸显。中心成立之初承担用地论证职责，实际上也发挥着控规细则作用。我们以微观视角捕捉城市"生长"的力量，寻找城市可持续发展的活力源泉，增空间、提功能、优生态、强服务、留文化……城市日趋活跃带来的新诉求、新问题，经由宏观规划布局与微观控制引导的结合，一一写入城市宏伟蓝图，加速城市品质能级新的跃升。

　　改革开放40多年，中国城市大崛起。而在经历了数量增长、规模扩张之后，中国城市转向内涵提升的新阶段。

　　正在"崛起"的新建筑，迅速"成长"的新项目，扎根打拼的年轻人，安放梦想的创业者，"旧貌换新颜"的老街巷，共同标注着这座城市发展历程的新刻度。当"摊大饼"式的规划建设遇到了"天花板"，大尺度的大拆大建如何转向小尺度的存量更新、城市修补、精雕细刻？中心在贯彻城市新战略中一路成长，不断孕育着深入城市肌理的能力。在城市的宏观尺度之下，我们针灸式重点介入城市的大街小巷、人文历史，解读城市未来潮流，探寻城市发展规律。未来城市如何塑造适宜的尺度和边界？城市更新，拆、改、还是留？城市开发如何为历史文化遗产"让路"？当人才大量涌入，企业集聚形成强磁场，土地集约利用的理念如何贯穿始终？具体而微的问题进入我们的视野，从蓝图到实践，从实践到蓝图，城市发展新战略"走出"图纸，变成幸福生活的场景。

先布棋盘、后落棋子，正成为新时代中国城市发展新路径。

城市自古以来，就是人类文明碰撞和探索未来的产物。在高度发达的现代社会，城市的规模和复杂性不断增加，城市的发展不再是自然而然形成的。进入新时代的中国，城市高质量发展更是强调"一本规划，一张蓝图"。中心基于自身的平台优势和技术抓手，不断探索"牛鼻子"与"摊大饼"的关系，"快"与"慢"的协调，"水"与"城"的融合，"新"与"旧"的处理，"见物"与"见人"的考量，将巨细无遗的规划设计思路像棋子一样按一定规则和顺序，有机整合进城市"棋盘"。我们不断求解城市规划多维度目标的协调统一，把握"多"与"一"的辩证关系，推动城市顶层设计与实践探索协同联动，把美丽中国的愿景从规划照进现实。

城市高质量发展不断涌现新的方法论，城市规划不只是"一张图纸"。

中心很早就打破"城市设计是研究空间"的传统思维，不断探索城市规划发展的新理念、新方法。在国土空间规划的"战略引领"与"底线管控"之下，如何因地制宜精准传导落地？我们解码城市功能区，界定片区，定位属性，明确方向，在一个个场景节点及细节营造中落实重大规划决策部署。国家中心城市应该如何布局？我们锚定武汉国家中心城市职能担当，从全生命周期视角理解城市的发展和运行，全流程、全领域推进规划科学合理布局，在实施管理阶段延长各项设施。武汉都市圈九城如一城，同城化发展步履铿锵，我们解读融合都市圈资源，畅通创新发展血脉，为都市圈规划贡献思路和经验。一系列规划新技术、新标准从实践中涌现，不断被纳入城市规划顶层设计，立起了一个个武汉样本。

精心描绘的城市高质量发展画卷，最终是由一个又一个"城市作品"组成。世界一流的城市，往往有一流的城市代表作。

武汉迈向国家中心城市，无论是城市国际知名度、美誉度还是竞争力的提升，都将凝结在城市的山、城市的水和一砖一瓦之中。走进英雄的武汉，欣赏"封面级"扮靓的景观，要从武汉二七沿江商务区开始，沿江景观魅力与"二七路"串联的百年城市文明烙印相互融入，这里的建筑组群不断在武汉人的朋友圈刷屏；武汉天地展示了城市商业化背景下历史街区改造与更新，这里已是武汉潮流风向标之一；昙华林将传统文化与现代城市的需求相结合，历史建筑和文化遗产布满整个区域，现代建筑和景观元素巧妙地融入，绿化植被和水景装饰相得益彰，充满了自然的美感……这些城市设计凝聚着我们的探索与思考，是我们为城市奉上的作品。

城市规划设计如同一曲交响乐，由无数音符组成。在城市的繁华与喧嚣中，中心以其独特的角色，成为城市多元共治的参与者。

我们高位统筹、上下联动，以自身的技术与实践搭建智慧平台，承载着对城市的美好愿景，融合了公众的声音和专业的智慧，创造出一个共同参与、共同承担的规划舞台。我们寻求城市多元诉求和观念的最大公约数，广泛邀请城市居民和各界专家共同参与，凝聚不同群体的智慧和力量，也创造让更多人为城市规划发声的机会，他们可以表达自己对城市未来发展的期许和担忧，成为城市建设的积极推动者。我们努力推动将公众的意见与专业知识相结合，寻求最佳的平衡点，为城市打造一个多元共生、包容发展的空间。超大城市，千针万线，我们希望城市居民共同拥抱城市规划设计，赋予城市以新的生命力，让我们以共同的智慧和激情书写属于我们的城市故事，让城市成为我们心灵的家园，让规划设计成为我们共同的心之所向。

未来之城，是人民之城。在快速发展和日新月异的城市中，我们始终不能忘记城市的核心是人，人的具体感受才是城市建设的出发点和落脚点。

无论城市多么庞大复杂，我们都努力将人的需求和幸福感摆在首位，以人为尺度，精细打造每一个角落。无论是道路的设计还是建筑的规划，我们都努力考虑人在城市中感到宜居和便捷。我们设计的各个细节注入了温馨和舒适的元素，努力追寻让人心生归属感的氛围。城市规划以人的尺度，意味着关注人的需求、情感和幸福感，我们努力倾听人们的声音，了解他们的期望和关切，将人民的智慧和创意融入城市规划中，让人民成为城市建设的参与者和受益者。在这个城市中，人们将获得尊重、关爱和发展的机会，他们的幸福感将得到充分满足。城市规划以人为尺度，引领着城市的发展，彰显着人性的温暖和美好。

城市，也是永未完结的作品。人们对未来城市的种种设想，对城市美好生活的种种期待，都是对我们的鞭策。理想人居的美好图景，总是随时代而更迭，不断展露新的模样。面向未来，我们的国家与城市发展阔步向前，而在城市的发展演进中，面对城市规划设计这个复杂而艰巨的任务，还需要不断探索和实践。我们要不断吸取国内外的经验和教训，借鉴成功的案例和最佳实践，为城市的发展提供有益的参考。同时，我们也要与各界合作，凝聚智慧和力量，共同推动城市规划设计的创新和进步。

让我们用智慧和创意，让城市成为人们心灵的家园，让规划设计成为我们共同的心之所向。在不断前行的道路上，我们将不断书写城市规划设计的辉煌篇章，为城市的发展作出更大的贡献。因为，城市是我们永不完结的伟大作品。

CON目录
TENTS

第七章 历史保护
精心雕琢让历史文化街区重焕生机

第八章 信息技术
推进国土空间规划智能化发展和应用

第九章 法治服务
为科学立法、严格执法提供技术支撑

10
Chapter

第十章 科研创新
打造特色鲜明的技术品牌

第一章

用地论证

控制性详细规划管理模式的新探索

1 综述

在探索控制性详细规划（简称"控规"）编制及管理思路的过程中，武汉市提出构建"控规导则+控规细则"的控规编制体系。其中，用地论证重点发挥控规细则作用，结合具体建设项目对控规导则进行深化和完善，对建设项目及其所在街坊的用地性质、开发强度及空间景观等进行详细论证，明确各项规划管控要求，实现支撑土地出让和精细化规划管理的目标。中心成立之初，核心职能就是在土地交易前提供专业的用地论证技术服务。

通过持续优化技术标准、完善成果内涵，用地论证实现了对控规管控内容的传导和深化，建立了规划蓝图走向规划实施的重要纽带，成为武汉市详细规划管理体系的重要组成部分，为开发建设项目的"编制—审批—实施—管理"提供了全过程的技术指导与参考。

1.1 探索控规编制思路，服务土地市场的规范管理

武汉市于1999年着手开展中心城区控规导则编制工作，确定地块用地性质及编码、用地面积、建筑密度、建筑控制高度、容积率、绿地率等7项规定性指标，以及建筑形式、色彩、人口容量等6项引导性指标。该项工作于2002年完成，基本实现武汉市中心城区控规全覆盖。

由于控规尚在起步阶段，缺乏土地权属、宗地测量、人口等基础数据，控规导则无法支撑宗地层面的用地规模、建设指标、设施布点的详细分配与落地。

当时，武汉土地市场方兴未艾。2001年3月，武汉市首次采取公开拍卖土地，凯恩斯国际置业（武汉）有限公司获得后湖中一路和兴业路交会处30hm²土地的开发权，为"武汉土拍第一槌"。在当时的情境下，待拍地块亟待明确相关规划控制要求。为此，中心服务土地市场，开展用地论证，并逐步形成了以控规导则明确用地性质、以用地论证明确用地强度及相关指标的规划编制思路。此时的用地论证成为行政许可技术支撑要件，在实际规划管理中发挥着重要作用。

通过前期的技术探索，用地论证在这一阶段呈现出以下特点。

一是围绕管理需求，明确了用地论证的技术重点。即重点论证用地范围、功能性质与建设强度等核心指标，并由此转化为项目地块的规划设计条件，成为项目地块规划审批与管理的技术支撑。

二是服务开发建设，引入了相关技术研究手段。通过开展宗地测量、权属调查与地质勘探，明确土地的开发建设条件，支撑用地范围的科学划定；通过开展交通影响评估、日照分析与经济测算等专项研究，支撑用地性质与开发强度的合理确定，为项目的开发运营提供参考与指引。

2002~2007年，中心初步建立了用地论证的技术标准，并基于信息化建设构建用地论证咨询平台。出台的《规划咨询成果标准范本》对这一阶段的用地论证成果内容进行了规范，获湖北省建设厅认可并在全省推广，被誉为规划咨询成果的"武汉模式"。

1.2 发挥控规细则作用，支撑刚弹结合的高效管理

2008年起，为适应《城乡规划法》实施后规划管理需要，武汉市提出构建"控规导则+控规细则"的控规编制体系，并将成果内容纳入规划管理"一张图"。其中控规导则主要包括对"五线"、公共服务设施、用地性质的控制引导，控规细则主要是对控制指标等内容的细化及指导性要求的深化。在这一阶段，用地论证实际上发挥了控规细则的作用，除局部重点地段外，其余区域均以用地论证形式对具体地块提出细化的控制要求，在落实控规导则的前提下，为市场预留了一定的弹性。2010年，为适应武汉市规划管理系统机构改革需要，在实施层面落实"规土合一"的要求，中心出台《武汉市用地和空间规划论证报告编制技术要点》，建立"模块化"编制技术要点库，实现了"一个用地论证服务多项规划管理"的目标。自2013年起，武汉市着手编制城市重点功能区的城市设计，以大区域视角明确城市设计管控要求，并尝试纳入全市控规导则中。

2015年之后，武汉市控规导则编制完成并获批复。同年，武汉市正式出台《武汉市控制性详细规划管理规定》，进一步保障控规管理的规范性和效率性。在此背景下，用地论证除进一步发挥控规细则作用外，也成为控规变更程序的必备技术要件之一。在严格落实《武汉市控制性详细规划管理规定》程序要求基础上，开展局部地块控规变更必要性论证，对控规导则进行优化细化，实现控规刚性与弹性相结合的高效管控。

这一阶段用地论证呈现出以下特点。

通过细化刚性控制要求与深化指导性控制要求，用地论证将控规导则管控要求传导至地块层面，完善了控规体系。在刚性要求上，控规导则明确高层级的控制要求，重点关注控制指标；用地论证则对管控层级及内容进一步细化，重点关注规模与点位，如控规导则层面一般明确市级、区级、居住区级公共服务设施控制要求，用地论证细化明确居住区级以下公共服务设施控制要求；在指导性要求上，控规导则常采用通则式管控，明确主导方向与控制思路，用地论证则通过细化论证深化至地块层面的具体指标。

以服务各行政审批事项为导向，用地论证涵盖规划与土地两大技术板块内容，涵盖了多个内容模块。在基础资料、选址论证、用地规划论证、城市设计论证等规划管理模块上，对接土地供应需求，增加了土地储备论证、土地供应论证、法律风险评估等土地管理模块。

促进城市更加精细化管理，对控规进行补充；注重效率，依据程序对控规导则进行合理变更，保障有序供地；

同时，统筹多方需求确定用地性质、开发强度等核心指标，深化落实公共服务配套、"五线"控制、交通市政等公共利益相关的管控要求。

这期间，用地论证是控规的有效补充，发挥着控规细则的作用，与控规导则共同构建起刚弹有度的管控体系，成为多个兄弟城市访问、交流与学习的案例。相较于细化到地块的刚性管控，武汉市采用"控规导则+用地论证"的管控模式，在地块控制指标层面预留了一定的弹性，以用地论证的方式有效应对了市场需求，提升了控规管控体系的效率。

1.3 强化城镇集中建设区的风貌引导，支撑基本生态控制线内的规划管理

2018年以来，城市进入高品质与精细化管控的发展阶段，城市风貌受到持续关注。武汉市发布了《进一步提升城市能级和城市品质的实施意见》，在此背景下更加重视提升城市风貌、人居环境等内容。同时，在国土空间规划改革背景下，城市发展的关注重点从城镇集中建设区延伸到了全域、全要素系统治理，为推进城镇开发边界以外地区的高质量发展，全国开始探索外围区域的规划管理方法与思路。在这一阶段，"武汉模式"的用地论证在不同区域有着不同特点。

丰富武汉市城镇集中建设区用地论证的深度。为顺应新发展背景，搭建以城市设计为着力点的技术传导路径，增强管理风险防范能力。自2020年起，中心按照市自然资源和城乡建设主管部门审管分离、编审分离、审批集中的新要求，提升城市精细化管理能力，在用地论证中增加地段城市设计的专章研究内容，进一步深化了用地论证的管控要素，强化对城市风貌的引导。

拓展武汉市基本生态控制线内用地论证的广度。为明确武汉市基本生态控制线内规划项目"编—管—督"的要求，细化具体项目的准入类型及相应的建设标准，武汉市开展了基本生态控制线内的用地论证工作，即生态准入论证。生态准入论证是进一步细化落实国土空间总体规划的详细规划，也是对基本生态控制线内建设项目规划管理的技术支撑。为规范相关技术标准，2021年，中心研究并提出了《武汉市新城区、开发区基本生态控制线内新增建设项目生态准入论证技术规程》。

在该阶段，武汉市城镇集中建设区内通过地段城市设计篇章的研究，从区域统筹角度全面提出片区的产业功能、风貌形象、公共环境、交通市政、地下空间等要求，提高区域发展的整体性与协调性，相关控制要求被纳入规划设计条件中，城市风貌得到有效引导。同时，武汉市基本生态控制线内的生态准入论证通过明确不同类型项目的需求背景、必要性、现状条件、论证依据，对具体建设内容、建设规模等提出准入要求。

武汉城镇化高速发展的20年间，用地论证有着深远的意义，在不同历史发展时期发挥了重要的作用。

在土地交易市场化之初，"武汉模式"促进了土地市场的规范管理，保障了土地供应。这一时期正是武汉市旧城改造的快速推进阶段，中心开展了众多旧城改造的用地论证服务，其中最为知名的是永清片项目（瑞安武汉天地）。

《城乡规划法》实施后，用地论证与控规导则组成完整的控规编制体系，实现刚弹结合的规划管控。在一些重点项目的局部控规调整优化、整体城市形态研究、配套设施落地、动区改造与静区提升相结合等方面作了开创性的探索和研究，确保了公益项目的落地。

当前，在国土空间规划新的要求下，用地论证又起到了服务城镇集中建设区城市风貌引导，为基本生态控制线内规划管理提供技术支撑的作用，其核心指向也更为关注城市可持续发展。

未来，中心将应对城市发展新的诉求，进一步丰富和完善用地论证的技术内容与应用场景。在城镇开发边界内按照城市更新思路，优化用地论证的编制方法与标准；在城镇开发边界外结合生态保护的要求，探索生态准入与村庄规划的编制思路。通过用地论证技术体系的不断更新与完善，保障城市精细化、精准化的规划管控。

2 代表项目

▌永清片一期用地和空间规划论证

编制完成时间： 2003 年

获 奖 情 况： 2003 年度湖北省优秀工程咨询成果优秀奖

项目背景

　　永清片一期位于武汉市江岸区长江二桥桥头区域，东临汉口江滩公园，用地面积约16.4hm²。场地原为风貌混杂的旧城区，除南侧保留的9栋历史风貌建筑外，主要为危旧房屋。2002年起，在全市大力开展旧城改造的背景下，为推动永清片一期的旧城改造，提升城市重点区域的功能与风貌，改造、修缮和激活历史建筑，中心承担了《永清片一期用地和空间规划论证》的编制工作。

主要内容

　　该规划遵循"用地论证—招商引资—土地出让"全过程技术引导模式，重点对接招商诉求，实现了城市建设目标与市场开发的紧密衔接、规划蓝图与市场的有效接轨。以城市设计为基础，结合社会投资调查、经济分

永清片一期实景图

图片来源：张泽锋工作室

析研究等技术手段，合理确定开发强度，保证了项目的落地实施。

一是功能布局上，重点借鉴了上海太平桥地区改造项目的发展经验，结合国内外商务区案例研究、社会投资调查、市场经济分析等情况，提出项目用地控制为居住与商业服务功能。其中，南侧结合历史建筑的活化利用以及轨道站点的空间衔接，规划为商业、商务功能；北侧结合周边已有的浓厚居住氛围，规划为居住功能。

二是风貌保护上，重点强调建筑风貌和空间尺度的统一。围绕9栋具有历史价值的老建筑，通过还原历史风貌、织补空间肌理，打造展现现代高档商业服务建筑特色的欧式商业街；周边建筑以现代风格、暖色调为主，与历史风貌片保持整体协调；通过加密路网，增设多条8～20m宽公共通道，形成100～150m见方的小地块，设置衔接轨道站点与江滩公园的步行体系，构建人性化的空间尺度。

三是空间形态上，重点关注滨江天际线与建筑高度组织。结合汉口沿江的建筑轮廓线分析，在项目用地西南侧靠近中山大道位置规划地标性建筑，形成一处区域波峰，塑造起伏有致的天际线。为保证长江二桥和汉口江滩等重要视点的观赏效果，项目用地按照开敞区、40m以下、40～80m、100m以上4个高度层次进行总体控制，形成由南至北、由西向东高度递减的变化效果。

实施成效

作为中心第一个实现招商落地的项目，永清片一期已建成集住宅、办公、酒店、零售、餐饮、娱乐等功能于一体的城市综合体，成为武汉新地标，实现城市功能和土地价值的综合提升。

永清片一期实景图

▌硚口区工业学院片用地和空间规划论证

编制完成时间：2012 年
获 奖 情 况：2013 年度武汉市优秀城乡规划设计奖三等奖

项目背景

工业学院片位于武汉市硚口区京汉大道与民意四路交叉口，属于武广商圈的核心辐射范围，用地面积约 8.3hm²。规划范围内现状教育用地、居民用地、商业用地等混杂交错，是硚口区汉正街旧城改造的先期启动项目。2010年起，为提升该片区功能产业，优化城市形象，积极推进该片区的旧城改造工作，中心承担了《硚口区工业学院片用地和空间规划论证》的编制工作。

主要内容

该规划作为汉正街文化旅游商务区的示范项目之一，提出了打造汉口武广商圈新地标的目标定位。立足规划实施，在论证前期积极对接招商意向开发企业，落实相关规划管控要求，达成设计方案共识，直接推进了项目落地实施建设，探索了实施导向下的规划论证研究模式，为硚口区后续长效旧城更新工作奠定了基础。

一是强化武广商圈商业聚合效应，优化商务服务功能。工业学院片位于汉正街地区大汉口中轴线的北端，是联系武商MALL、武汉会展中心与中山大道商圈的城市主商业轴线。规划结合区域功能业态构成，侧重发展高端和特色商业，强化甲级商务办公和酒店公寓功能，形成错位发展、各具特色的区域。

二是强化城市空间景观廊道，塑造富有节奏感和韵律感的城市天际线。规划充分利用三维实景信息平台，强化管控项目用地北侧中山公园至武汉会展中心空间景观廊道，控制廊道内建筑高度，规划形成1栋300m甲级办公楼与3栋超高层酒店两侧布局，凸显中部景观轴线的标志性建筑形态。在完善区域核心商圈建设的同时，创造了区域新生活力节点与城市地标，实现了区域功能衔接、整体空间的协调。

三是强化轨道交通引领，构建便捷、连续的立体慢行交通体系。通过设置立体连廊连接轨道交通站点、横跨游艺路，减少车行交通对行人过街的干扰，将商业裙房、公共空间与轨道交通站点融为一体，构建连续完整的立体慢行网络，提升慢行系统的品质特色。

实施成效

2013年，工业学院片通过规划审批，并按规划落地建设实施。2021年，香港恒隆地产品牌城市综合体——武汉恒隆广场正式营业。该规划是实施导向下市、区两级联合对城市重点地块进行实施性规划设计的一次成功尝试，对推进地区发展、塑造城市形象具有重要意义。

工业学院片实景图

图片来源：湖北恒隆房地产开发有限公司

工业学院片鸟瞰实景图

图片来源：湖北恒隆房地产开发有限公司

江汉区精武路片用地和空间规划论证

编制完成时间： 2013 年
获 奖 情 况： 2013 年度武汉市优秀城乡规划设计奖三等奖

项目背景

精武路片位于武汉市江汉区解放大道与新华路交会处，是联系建设大道金融集聚区和解放大道商圈的空间纽带，用地面积约18.8hm²。场地原为新华路长途客运站、江汉区工人文化宫所在地，低矮危旧房屋达40余万m²，2010年列入武汉市重点旧城更新项目。为改善居住环境、提升城市功能和环境品质、促进土地集约节约利用，中心承担了《江汉区精武路片用地和空间规划论证》的编制工作。

主要内容

该规划按照"前期研究—规划论证—招商咨询"3个阶段开展全过程服务。前期研究阶段，梳理整合存量用地资源，研究明确片区规划定位与功能结构；规划论证阶段，提出空间布局、规划指标、空间塑造和交通组织等规划管控要求；招商咨询阶段，配合国土和规划主管部门、江汉区人民政府、土地整理储备机构对接市场主体，进一步细化功能业态和规划管控要求。

一是规划定位上，充分发挥衔接新华路—建设大道金融"十字轴"、新华路—解放大道商贸"十字轴"的纽带作用，将精武路片建设成为以商业、办公、酒店和居住等功能为一体的商务中心区。

二是功能布局上，沿精武路打造特色商业街，延续历史脉络；精武路北侧强化城市生活功能，打造时尚居住区；精武路南侧临新华路与解放大道一线布局甲级写字楼、星级酒店、商业综合体等，打造高端现代服务业聚集区，提升城市核心区功能，助力武汉打造国际消费中心城市、国际交往中心。

三是空间形态上，沿新华路、解放大道主干道一线连续布局高低起伏的商业、商务楼宇，打造高品质街道空间；结合环中山公园的整体空间形态，设置1栋约330m标志性建筑，打造颇具特色的城市界面。充分利用场地条件，设置多处广场、游园和文化景观，营造多层次、多节点的交往空间，重塑精武路片城市形象。

四是交通组织上，充分利用地上、地下空间设置步行通道、空中连廊联系轨道站点以及商业、商务、居住等人流密集区，形成完善、便捷并兼顾商业休闲与文化娱乐功能的慢行系统，鼓励公交出行。

实施成效

2013年，精武路片通过规划审批。该片区现已基本建成集高端酒店、甲级办公、精品商业、休闲娱乐等功能于一体的全业态城市地标综合体。

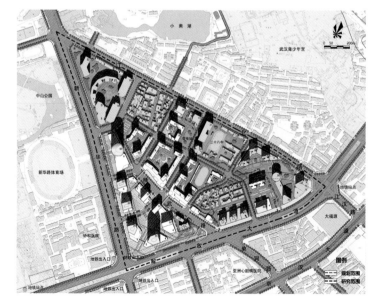

精武路片规划总平面图

精武路片实景鸟瞰图

精武路片实景图

武船厂区项目用地和空间规划论证

编制完成时间： 2020 年
获 奖 情 况： 2023 年度湖北省优秀城乡规划设计奖二等奖

项目背景

武船厂区位于武汉市武昌区鹦鹉洲长江大桥桥头北侧、巡司河入江口，用地面积约 64.0hm²。场地原为武昌造船厂，中国第一艘军用潜艇诞生地，是武汉市工业文化杰出代表以及武昌区重要历史文脉所在地。2018年起，为高效、稳妥地推进武船厂区整体搬迁，支撑地块挂牌出让，带动周边区域高质量发展，中心承担了《武船厂区项目用地和空间规划论证》的编制工作。

主要内容

该规划以"规划研究+城市设计+控规调整+规划论证"全过程工作模式，通过大区域视角锁定片区整体发展格局，充分把握片区功能定位、文脉传承、开发强度、开放空间、公共服务设施等核心管控要素，全程对接房屋征收及市场开发需求，明确开发地块的规划控制要求。

一是践行长江大保护国家战略，实现工业厂区产业转型升级。借鉴悉尼岩石区、伦敦南岸等全球优秀滨水文化区经验，提出世界级文化水岸、国家级音乐活力街区、国际化都市社区以及武汉国际化品牌新窗口的功能定位，形成

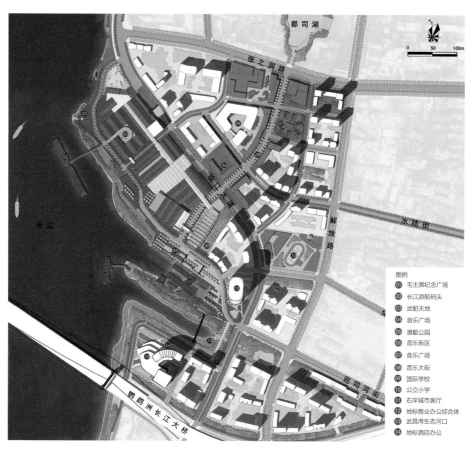

武船厂区项目规划总平面图

"一心两岸三区、一街双轴多廊"的水岸空间结构；发挥武汉音乐学院资源优势，培育音乐艺术产业；鼓励功能多元混合布局，植入长江武船文化中心、船厂天地等文化商业地标，打造开放共享、多元活力的滨江空间。

二是延续船厂历史记忆，打造面向未来的长江文化水岸。结合保密要求，最大化保留具有历史记忆的文物古迹、老厂房、工业构筑物、植被、驳岸等要素，传承厂区空间肌理；采用"工业再生、文脉传承"理念，在滨江一线延续原船厂布局与风貌材质、融入工业元素，打造船坞综合体，展现武船大国重器的工业气魄，通过融合传统建筑色彩与形态的武船天地演绎武昌老城亭台楼阁的韵律空间，营造新旧融合、时尚活力的艺术休闲街区。

三是坚持以人为本，重塑"城"与"江"对话空间。打通黄鹤楼与鹦鹉洲长江大桥之间的视线通廊，塑造高低错落、疏密有致的长江水岸天际线形象；充分对接长江大堤的防洪要求，采用整体抬高滨江场地的设计手法，隐藏封闭的防洪墙，打通"江"与"城"的无缝连接；采取"隧道+地面"立体分流交通组织方式，利用古渡口及船厂驳岸设置长江渡轮；构建连接水岸和城市腹地的多条城市慢行廊道。

四是落实绿色健康标准，打造武汉国际化的活力社区。鼓励步行出行，配套国际化标准的健康社区、医院、学校、邻里中心、商业等社区配套；建设蛟龙公园、潜艇文化公园、鲇鱼湾生态公园等多元主题社区公园，营造安全有活力的社区共享空间；适当减小建筑退界，营造紧凑、有活力的沿街界面，重构"小街区密路网"格局。

实施成效

2021年，武船厂区顺利完成搬迁，相关土地成功挂牌出让。右岸大道、长江城市客厅、武汉长江天地、武昌湾中心等重点项目正在规划建设中。

武船厂区项目效果图

▌蔡甸区后官湖黄虎村一期项目生态准入论证

编制完成时间： 2022 年

项目背景

黄虎村位于武汉市蔡甸区后官湖南岸，内部有虎头山、笔架山、藕节山环绕，知音文化历史悠久。一期规划范围为黄虎村的芦湾，位于武汉市基本生态控制线范围内，用地面积约8.6hm²，范围内以林地和闲置建筑为主。2021年起，为有效利用现状文化旅游资源，探寻生态保护背景下的村落可持续发展路径，支撑项目落地，中心承担了《蔡甸区后官湖黄虎村一期项目生态准入论证》的编制工作。

主要内容

该规划在对现状用地、建设情况、文化资源、道路交通等进行详细调研的基础上，以保证土地集体所有性质不变、耕地红线不突破、农民利益不受损为前提，坚持"保护优先、以保促用、以用推保"的理念，深挖当地知音文化与耕读文化根脉，打造以"农业+文创体验"为导向的乡村旅游目的地。

一是在功能结构上，将项目定位为武汉首个近郊文创村，发展文创、康养、体验、娱乐、游憩等功能，并配套相应的旅游服务等功能。方案总体形成"一心四区"空间结构，即围绕游客中心布局综合服务区、知音文化艺术街区、公社学堂区（悠悠山房）、农业观光体验区。

二是在文化发展上，以伯牙、子期知音故事为切入点，以故事活化资源，围绕古琴、漆艺、花艺、布艺、篆刻、茶艺等众多传统文化行业打造知音文化产业链，促进黄虎村农业文旅产业发展，成为蔡甸区的特色文化产业。

三是在生态保护上，对现状山水林田湖草生态资源叠加分析，落实生态保护红线以及耕地保护、湖泊保护、山体保护等相关管控要求，构建全域全要素规划布局图，切实保障生态环境。

四是在空间风貌上，以低影响理念开展项目规划，充分结合现状地形地貌，建筑布局少量、分散、小型，形成错落有致的院落空间，建筑高度不超过10m，容积率控制在0.6以下，绿地率控制在50%以上。

实施成效

该规划论证有效助推了武汉首宗农村集体经营性建设用地成功入市。蔡甸区大集街黄虎村内闲置农房、学校用房经过改造已变成茶艺、古琴制作、花艺、陶艺、武术等文创工作室，初具知音创意文化特色村规模，获得一致好评。

后官湖黄虎村规划总平面图

后官湖黄虎村实景图

图片来源：武汉农业集团

武汉长江二桥永清片城市景观
图片来源：武汉瑞安房地产有限公司

第二章
Chapter 02
城市更新
从"城中村"改造到"留改拆建控"并举

1 综述

从城市发展的规律来看，由于城市不断发展带来物质环境老化、功能落后等问题，城市更新作为城市自我调节的重要手段，始终贯穿于城市发展的各个阶段。20年来，武汉城市更新经历了"城中村"改造、"三旧"改造、"留改拆建控"并举不同阶段，不断通过更新重点的转变回应着时代诉求。2020年10月，《中共中央关于制定国民经济和社会发展第十四个五年规划和二〇三五年远景目标的建议》明确提出，实施城市更新行动，推动城市空间结构优化和品质提升。这表明城市更新首次上升到国家战略，是我国推动城市高质量发展的重要抓手和路径。2022年，我国常住人口城镇化率已经超过65%，全面进入城市更新的重要时期——由大规模增量建设转为存量提质改造和增量结构调整并重，从"有没有"转向"好不好"。

20年来，中心作为武汉国土规划管理的重要技术支撑力量之一，立足于自身优势，不断实践探索低效用地再开发模式，承担城市更新五年规划、年度计划、重点功能区实施性规划等更新规划编制工作，承担城市更新政策研究制定工作，研发并升级城市更新信息管理平台，为武汉城市更新在规划引领、政策支撑、智慧管理等多个方面起到了重要的技术支撑和统筹平台作用。

1.1 参与"城中村"改造，划四类用地吸引社会资金

1992年以前武汉城市更新的主要对象为政府主导的危房改造，目的是弥补基础设施"欠账"，由于财力有限，更新项目在空间上呈现零星散点式特征。1999年土地资产市场开放，中心城区旧厂房、仓库等由于权属单一、实施难度小，成为城市更新改造的主要对象。

2004年武汉"城中村"改造启动，由此武汉城市更新工作进入大规模改造的新阶段。由于城镇化的快速推进，郊区农村被包围后形成了一个个环境"脏乱差"、治安隐患大的城市"凹陷区"。由此，武汉市开始了三环线以内及周边156个"城中村"的改造工作。

在这一阶段，中心通过沙湖村综合改造项目，探索"城中村"改造规划编制思路与方法，为"城中村"改造提供科学指导。沙湖村成为首个通过土地市场进行改造资金筹措的"城中村"，成功实现城市面貌、生活环境、功能产业和社会民生的全面更新。

沙湖村是武汉市首批15个"城中村"改造试点项目之一，也是中心承担的首个"城中村"综合改造规划编制项目。根据武汉市委、市政府要求，"城中村"改造不仅是物质空间的改造，也是村民改居民、村委改居委、集体变国有、村集体变企业、"村改居"人员纳入城市社保五项改造，是经济、社会、环境的全方位改善。

为了实现"城中村"的全方位改造及吸引市场力量参与，中心在沙湖村综合改造规划编制中，通过划定还建安置房用地、产业用地、开发用地和规划控制用地这四类用地，实现政府、市场、村民等多方利益的平衡。其中，产业用地是对"村改居"之后民生经济来源的保障，开发用地是引入市场主体、化解拆迁矛盾与财政压力的手段，规划控制用地通过预留道路、公共设施、绿地等对城市公共利益作出贡献。

1.2 规划统筹"三旧"改造，提功能、促实施

2012年武汉市二环线内"城中村"改造全部完成，2013年武汉被国家列入低效用地再开发试点城市，城市更新工作重点由旧厂房、"城中村"逐渐转向棚户区。为统筹推进各类更新改造工作，市政府明确提出将旧城、旧厂和旧村统一纳入"三旧"改造范畴，实行"一盘棋"的整体谋划。

在推进"三旧"改造的过程中，中心以汉口滨江国际商务区二七核心区为样本，在全市率先开展重点功能区实施性规划的编制工作，探索了城市重要功能地区的更新规划编制技术方法和实施模式。同时，在市国土和规划主管部门组织下，中心编制了武汉市首个城市更新五年规划（《武汉市"十三五"城市更新规划》）与城市更新年度计划，由此建立了城市更新规划指导计划的工作模式，并搭建了武汉市"三旧"改造智慧监管系统，作为城市更新的管理监督和辅助决策平台。

中心从以往承担"城中村"改造规划编制的城市更新参与者，逐步成为武汉城市更新规划领域的技术统筹平台。这一时期，武汉城市更新技术特点包括创新规划编制方法、建立规划计划体系、强化绩效监督考核三个方面。

城市更新与功能提升相结合。重点功能区实施性规划在成片的规模化更新改造中引入产业策划，注入城市重要职能和重要功能，支撑城市重大设施建设，从而突破了以往城市更新重开发、轻功能的局限。

规划与计划相结合。通过规划计划体系的建构，实现"五年规划—年度计划—项目方案"的目标分级传导。其中，五年规划传导落实总体规划发展方向、发展结构设想，同时紧密衔接国民经济和社会发展五年规划，确定阶段性总体目标、任务、更新重点区域和更新策略，明确改造方式和路径，建立改造项目库，以指导年度计划的编制。年度计划作为行动计划，在五年规划确定的目标、思路下，进一步结合各年政府工作重点，

确定年度更新规模任务及实施项目。纳入年度计划的更新项目，编制实施方案作为项目实施的规划依据。

计划实施与考核相结合。武汉市政府将更新年度计划的实施情况纳入各区绩效考核目标，对项目征收拆迁建筑规模、实施进度进行考核，从而推进计划实施。为了提供精细化考核手段，武汉市"三旧"改造智慧监管系统集城市更新规划编制、项目审批、实施监管、评估决策等多功能于一体，实现了更新项目从计划申报到实施的动态跟踪。

在这一阶段，武汉城市更新逐渐开始整治改造相关工作。2016年中山大道整治提升完成，2017年东湖绿道一、二期全线贯通，2018年迎军运会沿线建筑整治全面启动……城市更新从以拆占绝对主导逐渐进入了"拆改留"并存。

1.3 "拆改留"转向"留改拆建控"并举，系统化探索城市更新

为了落实国家转变城市开发建设方式、促进城市内涵式发展的要求，2019年，在市自然资源和城乡建设主管部门的指导下，中心研究起草了《关于推进武汉市城市更新"留改拆"并举的工作方案》，通过市委审查并印发，标志着武汉由"拆改留"进入"留改拆"新阶段；2021年，武汉市政府进一步提出武汉城市更新要坚持"留改拆建控"并举。老旧小区改造、历史风貌区改造、生态空间等"留改"类更新项目，不再只是武汉城市更新的"配角"，而是自此成为武汉城市更新的主要对象。

为应对"十四五"新时期城市更新方式、对象的变化，加强城市更新顶层设计，中心在市自然资源和城乡建设主管部门指导下，编制完成《武汉市"十四五"城市更新改造规划》，同时受市住房主管部门委托，编制《武汉市老旧小区改造"十四五"规划》，从市级层面整体谋划城市更新工作。中心积极应对"留改"类更新趋势，针对公共空间提升、历史风貌区活化、老旧小区改造等新的更新对象，编制完成《江汉区公共空间品质提升规划》《军运会保障线路解放大道（武汉大道—后湖大道段）沿线景观提升规划》《武昌古城亮点片区实施性规划》等项目，并探索生态文明建设要求下"城中村"改造模式，完成《青山区东部11村统征改造规划》编制工作。

2022年以来，为落实武汉市政府"成片推进、单元更新"的要求，中心探索划定中心城区城市更新单元，并完成绍兴片、衡器厂片、杨园设计产业片等10余片城市更新单元评估指引与实施方案的编制工作，为更新单元规划编制提供创新思路。

在规划编制工作之外，中心还深度参与武汉城市更新政策的研究工作，制定《市人民政府办公厅关于进一步加强全市国有土地上房屋征收工作的意见》，研究武汉市城市更新综合性政策及"留改"类更新土地政策。

"十四五"时期，武汉在新的城市更新目标、对象、模式要求下，围绕城市更新规划计划体系、详细规划编制、实施考核、政策支撑等方面进行了系统性探索。

推进单元更新，完善城市更新规划计划体系。为落实"单元更新"总体要求，统筹单元内"留改拆建控"各类项目，在现有"五年规划—年度计划—项目方案"的基础上，武汉市构建"五年规划—年度计划—单元评估指引—单元实施方案"的更新规划计划体系。其中，年度计划确定更新项目及所在更新单元；更新单元评估

指引梳理更新空间资源，查找现状问题，基于上位规划及专项规划自上而下明确更新任务；更新单元实施方案在单元评估指引基础上，提出单元规划建设方案，同时形成资金统筹、组合开发等方案。

在强功能基础上，实现城市更新与显特色、补短板和优治理相结合。在规划计划体系明确更新单元评估指引与实施方案地位、作用的基础上，在详细规划编制层面，围绕市政府提出的城市能级与城市品质提升发展目标，以"强功能、显特色、补短板"三类更新单元为抓手，分类成片推进城市更新。其中，"强功能"更新单元重点强化商业、文化、科创等功能的全面发展，"显特色"更新单元重点彰显城市风貌特色，"补短板"更新单元重点完善区域民生配套设施和交通市政设施建设。在单元评估指引与实施方案编制过程中坚持"共同缔造"，通过对所在区政府、街道、社区、居民、企业等多方主体的更新意愿调研及与实施主体的意向对接，凝聚多方合力、提升社会治理能力。

制定更新政策，破解更新实施瓶颈。为保障规划落地实施，正在研究的武汉市城市更新综合政策，将明确城市更新体制机制、规划编制、实施路径，为全市城市更新工作提供宏观引导。同时，为促进不同类型更新项目顺利实施，武汉市正在研究分类城市更新政策，结合"留改"类更新的政策实施困境，研究具体支持措施，破解"留改"类更新实施瓶颈。

升级考核平台，强化"留改"类更新考核。为适应"十四五"时期城市更新对象多元化拓展的新形势，城市更新改造智慧监管信息系统在原有"三旧"改造智慧监管系统的基础上，将征收、储备、公共服务设施、城建、老旧小区、亮点片区六大计划纳入系统，为城市更新五年规划和年度计划统筹各项计划奠定技术基础；同时，将老旧小区、工业遗产、"景中村""绿中村"等更新对象在系统中空间落位、锁定范围，强化"留改"类项目实施监管、绩效考核。

城市更新，是一个让城市涅槃再生的系统工程。中心完成的第一个"城中村"改造规划项目—沙湖村，在2005年改造前，环境"脏、乱、差"，人均年收入仅3000余元；改造后，成为集现代居住、商业金融、滨水休闲等多功能于一体的综合商住区。原村集体以土地入股，拥有多家企业，人均年收入近20万元，真正实现了居民生活、经济发展、城市环境的多重改善。

沙湖村改造的成功，代表了武汉城市更新取得的初步显著成效。经过近20年的改造，武汉市城市更新用地总规模占中心城区总用地的38%，中心城区134个"城中村"改造进入尾声，棚户区改造基本完成。通过城市更新，重点功能区建设迅速推进、滨江滨湖及口袋公园不断建成、历史文化风貌区及工业遗产改造亮点频出、大型公共设施持续完善、老旧小区焕然一新，城市功能、城市形象、民生环境、文化特色、生态文明建设、公共服务与基础设施水平均得到了很大提升。

近几年来，城市更新成为规划领域的研究和讨论热点，中心积极发声，持续对外宣传武汉城市更新在规划编制、规划实施、政策研究等方面的经验及探索。2019～2021年，中心在中国城市规划年会、国际城市可持续发展高层论坛等国内国际会议上，多次受邀宣讲武汉经验并引起广泛关注。2023年，由自然资源部组织，中心受邀与同济大学、深圳市城市规划设计研究院股份有限公司等8家机构共同研究起草《支持城市更新的规划与土地政策指引（2023版）》，在行业贡献武汉智慧。

在自然资源部大力推行低效用地试点城市、武汉市明确"成片连片、单元更新"工作思路的背景下，随着中心职能转型，未来中心将以低效用地再开发与城市更新相结合为工作导向，在工作重点上强化实施，以更新单元为抓手，探索不同类型更新单元评估指引与实施方案编制方法，形成可复制、可推广的编制技术要点，为大规模推进单元更新改造提供技术支撑；同时，针对不同更新对象、更新关键问题继续开展政策研究，形成配套支持政策。

2 代表项目

武汉市江汉区公共空间品质提升规划

编制完成时间： 2018 年
获 奖 情 况： 2019 年国际城市与区域规划师学会（ISOCARP）规划卓越优秀奖

项目背景

为落实联合国《新城市议程》，构建安全、包容、可使用、绿色和高质量的公共空间，2017年，武汉市政府与联合国人居署签署了"改善中国城市公共空间示范项目"合作备忘录。同年，联合国人居署与中心结为合作伙伴，选取江汉区作为试点先行示范区，编制完成《武汉市江汉区公共空间品质提升规划》。

主要内容

公共空间是存量发展时期提升城市空间品质的重要抓手，也是满足人民在城市里幸福生活的需要，规划通过建立评估体系开展详细现状调研，组织多元公众参与模式，量身定制公共空间改造方案，助力江汉区公共空间品质提升。

一是构建中国特色的基础+品质"4+5"公共空间评估指标体系。从使用者可达性、舒适性、包容性及安全性等方面出发，将评估指标归纳为四项基础指数和五项品质指数，综合评价公共空间现状。

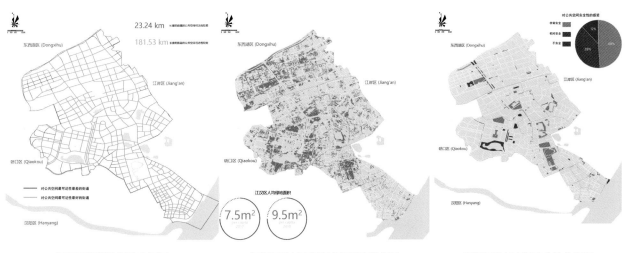

江汉区街道连通性分析图　　　　江汉区公共空间绿化覆盖率分析图　　　　江汉区公共空间安全性分析图

二是国内首次使用Kobo Toolbox手机端软件开展公共空间调研。区别于传统的纸质问卷方式，规划采取基于手机端应用软件Kobo Toolbox，科学记录所在公共空间的噪声、GPS准确识别位置等数据。

三是国内率先尝试"Block by Block"（逐块递增工作营）公众参与活动。邀请不同年龄段、不同行业的人群，运用"我的世界"（Minecraft）软件进行试点公共空间规划设计，真实表达公众诉求，将好的公共空间设计理念与手法融合到具体的项目建设实践中。

四是建立"问题评估+策略指引+行动计划+建设实施"一体化模式。基于公共空间现状问题科学评估、合理制定策略指引和实施行动计划，形成基于实施导向的城市公共空间品质改善路径，将规划研究转化为建设实施指引，实现"精准规划"。

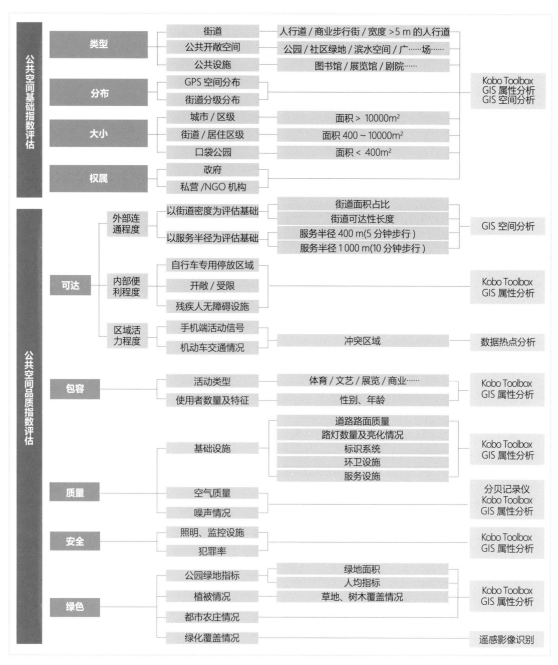

城市公共空间评估指标体系图

实施成效

西北湖小森林、汉口火车站南广场等代表性公共空间项目已在2019年武汉军运会前改造完成,集中展示江汉良好的城市形象,受到游客和市民好评,各媒体争相报道。

"Block by Block"(逐块递增工作营)公众参与图

江汉区公共空间改造前后对比图（左：改造前，右：改造实景）

▍杨园设计产业片城市更新单元实施方案

编制完成时间： 2022 年

获 奖 情 况： 2023 年国际城市与区域规划师学会（ISOCARP）规划卓越优秀奖

项目背景

杨园设计产业片城市更新单元位于武昌区二环线内、长江二桥以北，为武汉市中心城区划定的33片重点更新单元之一。2021年起，为推进城市面貌整体提升，实现片区"强功能"的更新目标，中心与国内外知名城市设计、产业策划、交通市政及资金测算机构组成联合设计团队，承担了《杨园设计产业片城市更新单元实施方案》的编制工作。

主要内容

该规划在全市城市更新"规划评估+实施方案"编制机制指引下，坚持"留改拆建控"并举，对城市更新单元的功能产业、公共空间、服务配套进行全面提升，确立工程设计之都创新引领区、数创走廊滨江文化活力区的发展目标，重点体现以下4个方面亮点及特色。

一是功能提质，构建全链条的工程产业体系。以龙头企业铁四院为核心，基于工程设计优势产业进行强链补链，结合发展趋势引入低碳与智慧城市产业进行延链，构筑上游工程研发、中游工程设计、下游工程承包的全链条工程产业体系。在"三轴四核五区"总体结构下，形成轨交工程、数智技术、文体创新、健康服务四大产业聚集区，夯实功能发展基础。

二是文脉传承，彰显地域特色的公共空间。结合场地内遗存的铁路厂房、铁路俱乐部、红房子、龙门架、铁轨等特色资源，构筑串联铁路遗迹的"十字形"公共开敞体系。通过征集老物件、还原老场景、内街化设计、工程景观塑造、策划节庆活动等方式，宣传铁路特色文化。

图 例
城市更新单元范围
建筑
道路
铺装
绿化
① 四美塘公园
② 改造铁路厂房
③ 武汉设计双年展主场馆
④ 文创大厦
⑤ 四美塘中小学
⑥ 中心绿化与连廊
⑦ 中心办公区
⑧ 铁四院大楼
⑨ 武昌医院
⑩ 融侨城
⑪ 武昌滨江商务核心区
⑫ 武昌江滩

杨园设计产业片城市更新单元规划总平面图

三是以人为本，提供覆盖全面的服务配套。针对场地留存的原有居民高知高龄的群体特征，完善文化、养老、医疗等配套设施；针对未来引入的设计类就业人群追求品质生活的需求特征，提供健康服务、运动康体、文化休闲等高标准配套设施。布局顺江串联的三大公共服务中心，保证服务覆盖全区且步行便捷可达。

四是面向实施，探索可落地的更新开发模式。明确"留改拆建控"实施项目库，拟定开发时序，安排责任主体与实施主体，确定资金来源，按照城市运营思维，通过一二三级联动综合开发模式，实现长期平衡与动态平衡。

实施成效

该规划已通过市城市更新工作领导小组会议审查。结合杨园铁路厂房的改造，已启动了四美塘铁路遗址文化公园一期工程。其中临江区域已向公众开园，并选取8号厂房作为主场馆，成功举办了第七届武汉设计双年展暨2023武汉设计日。

杨园设计产业片城市更新单元实景图
图片来源：武汉城市铁路建设投资开发有限责任公司

杨园设计产业片城市更新单元实景图
图片来源：武汉城市铁路建设投资开发有限责任公司

杨园设计产业片城市更新单元效果图

武汉市"十四五"城市更新规划

编制完成时间： 2021 年
获 奖 情 况： 2021 年度全国优秀城乡规划设计奖三等奖

项目背景

为落实国家、省、市国民经济和社会发展"十四五"规划，贯彻实施城市更新行动的重大战略，建立适应"留改拆"新阶段的武汉城市更新工作体系，编制《武汉市"十四五"城市更新规划》。

主要内容

规划创新武汉市城市更新内涵和机制，提出城市更新目标和任务，明确更新重点区域和策略，划分更新单元，建立管理系统，为武汉城市更新行动提供整体性、系统化指导。

一是支撑城市更新内涵转变，提出武汉"留改拆建控"标准。在国家提出的"留改拆"基础上，结合城市规划建设全周期管理理念，深化拓展更新内涵，提出"留改拆建控"并举的更新方式；从建筑、用地、产业、设施等多维度建立各类更新资源的识别标准。通过大数据分析、GIS 数据技术等信息化手段发掘更新资源、盘清武汉市更新现状"家底"。

二是分类明确更新重点，形成五大任务清单。针对"留改拆建控"五类更新项目，从提高住房保障能力、加强生态保护与修复、活化历史文化资源、优化功能产业等方面形成五大更新任务清单，合理安排更新结构、项目捆绑、模式组合。

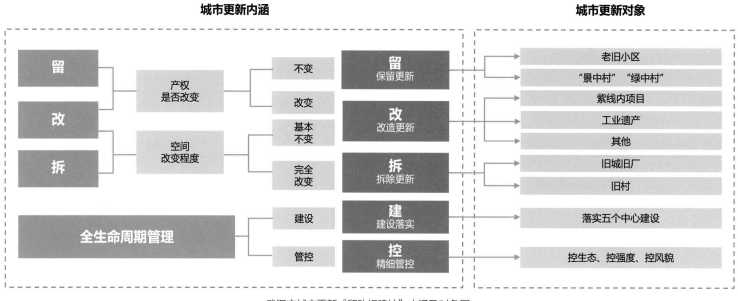

武汉市城市更新"留改拆建控"内涵及对象图

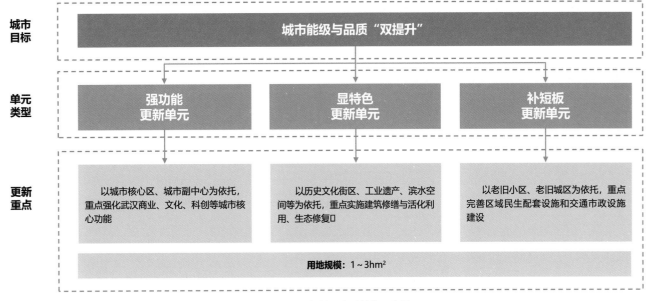

武汉市城市更新单元类型划分示意图

三是分解落实国土空间总体规划功能要求，划定三类更新单元。围绕城市能级与品质"双提升"目标，基于武汉市国土空间功能单元范围，分解落实国土空间总体规划功能要求，划定"强功能、显特色、补短板"三类更新单元，明确各类单元重点更新内容。

四是加强数据支撑，建立全对象、全生命周期管理系统。对"留改拆建控"各类更新方式以及老旧小区、工业遗产、重点功能区、"景中村""绿中村"等各类更新对象提供计划申报、实施跟踪、考核督办的信息跟踪；整合建筑、用地、人口、设施、产业、产权等多维度信息，补充完善"人—地—房—产"空间与数据信息，为更新运营管理提供信息支撑。

五是完善机制政策，多维度破解实施瓶颈。建议建立"市领导小组统筹、区政府抓落实、主管部门联合审批"的更新组织机制；围绕更新目标，实行分级、分类考核；形成"留改"类更新"规划—土地—资金"政策工具箱。

实施成效

规划经武汉市常务会审议通过，且规划核心结论已纳入市政府报告等市级政策文件，有利于全市层面统一城市更新行动目标，凝聚共识。根据规划编制的2021年、2022年城市更新计划，为各区有序开展城市更新行动提供了实施抓手。在规划指导下，老旧小区改造、历史文化街区保护利用、公共空间建设、"景中村""绿中村"生态修复等更新项目顺利实施，城市功能得到快速完善、品质得到快速提升。

武汉青山区东部11村统征改造规划

编制完成时间： 2017年
获 奖 情 况： 2019年度湖北省优秀城乡规划设计奖二等奖

项目背景

青山区东部11村西邻武钢厂区，南接严西湖，中与白玉山街道交错融合，是武汉市城郊结合区域典型的"城中村"集群，区域内工业污染与优质生态资源并存，多年来未能实现改造。为切实推动35km²"城厂村"区域转型、修复与治理生态环境、满足近1.2万户村民的改造诉求，探索超大城市城郊国土空间治理新模式，中心开展《武汉青山区东部11村统征改造规划》，并联合夏邦杰建筑设计咨询（上海）有限公司、武汉市规划研究院、华中农业大学、上海克而瑞信息技术有限公司等机构，从城市设计、交通、生态承载、产业等角度，对东部11村区域开展全方位分析研究。

主要内容

规划基于全域全要素的国土空间治理新理念，打破"城厂村"界限，从"规划—项目—运营—政策"全流程视角出发，推动11村空间、经济、社会的绿色转型。

一是底线保障，开展高标准的林田湖草全要素整治。开展区域环境承载力评估，明确区域适宜用地规模，并构建"二心六廊"蓝绿网络框架；引水入东北部农田区域，改善农田生态条件，依托两湖构建"2+N"海绵体系，提升区域水生态自我修复能力。

归园田居改造效果图

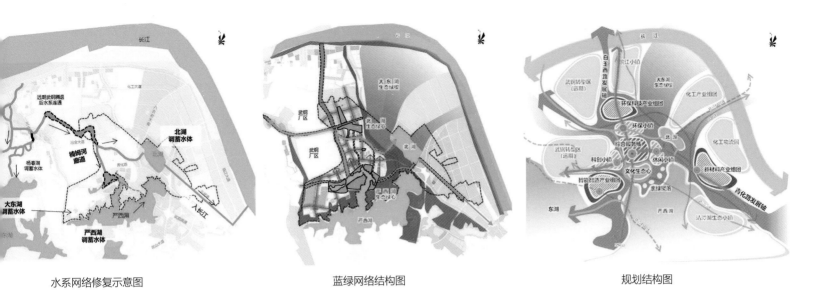

水系网络修复示意图　　　　　　　　　蓝绿网络结构图　　　　　　　　　规划结构图

归园田居街区的构成原则

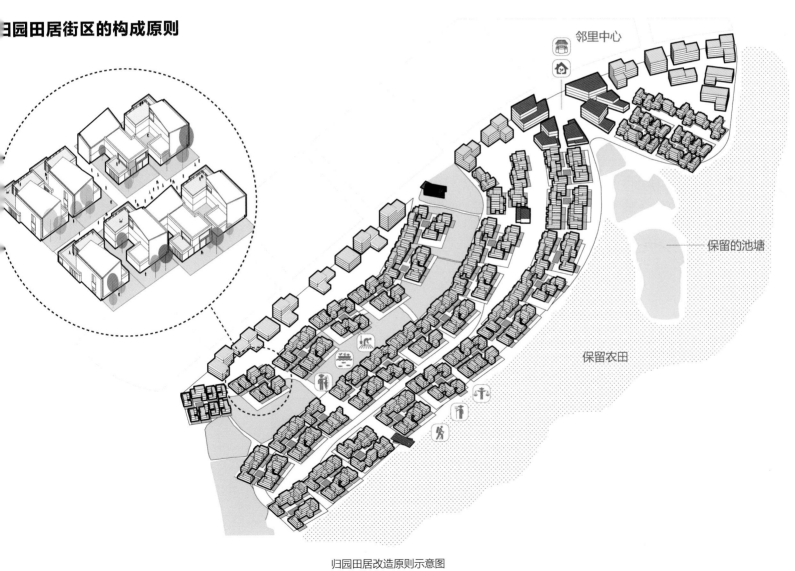

邻里中心

保留的池塘

保留农田

归园田居改造原则示意图

图片来源：夏邦杰建筑设计咨询（上海）有限公司

二是城乡融合，促进高质量的"产城村"空间重组格局。腾退升级传统工业，向环保、智能制造、创新研发、生态休闲四大绿色产业转型，全面重构区域产业价值；建构以"2+3"城乡有机组团为核心的高韧性城乡格局；提供高品质人居空间，打造归园田居新型城郊社区模块，凸显田园村居文化特色。

三是存量优化，挖掘特色化的优质"三旧"资源。分区、分类挖掘旧城、旧厂、旧村的资源，提出改造引导措施。在生态控制区外，打破城、厂、村界线，实施集中成片的开发改造；生态控制区内推进建设用地减量化，引导通过微改造、功能置换等多种手法进行整治。

四是高质服务，提供一体化的城乡服务及支撑体系。配置"文、教、体、卫"等八大普惠设施、"创、娱、食"等五大特色设施及点线面结合的公共开放空间，形成"1+7+N"的公共服务保障体系，实现15分钟城乡生活圈全覆盖。构建"五纵三横、绿色便捷"的交通支撑网络，实现区域与主城区、大光谷地区的有效联系，推进区域快速发展。

实施成效

规划提出的"城中村"改造还建方案已获武汉市人民政府批复，目前南部6村征收及村民还建工作已启动实施，区域污染企业搬转腾退、水系治理、生态区域保护利用策划等工作已同步开展。

青山区东部11村改造效果图

武汉市"三旧"改造智慧监管系统

编制完成时间： 2019 年
获 奖 情 况： 2019 年度湖北省优秀城市规划设计奖二等奖

项目背景

为统筹"三旧"改造规划和计划编制，强化各类更新改造项目实施监管和绩效考核，支撑"三旧"改造工作高效、有序、科学开展，中心作为全市旧城改造工作重要技术支撑力量之一，着手开展武汉市"三旧"改造智慧监管系统研发。

主要内容

系统定位为全市"三旧"改造的管理监督和辅助决策平台，围绕"三旧"改造业务和管理需求，利用空间地理信息集成等新一代信息技术，实现"三旧"改造工作的数字化和智慧化，保障改造项目的有序推进。主要包含以下三个方面内容。

一是搭建了"三旧"改造专项及辅助支撑数据库，为"三旧"改造管理工作提供了翔实的数据资料支撑，实现"三旧"项目台账管理向空间管理的转变，数据广度及深度行业领先。

二是研发基于改造对象的实用功能模块，辅助改造管理科学决策。包括信息检索、定量评估、实施监测和预测分析四大模块，实现多层级的信息检索查询，改造项目定量分析和评估，改造进度数字化监测和动态追踪，改造效果预测和模拟。

三是建设一套数据实时动态更新机制，保障系统数据实时性和准确性。研发信息远程填报模块，定制改造项目进度填报标准表，协助管理部门起草并下达《武汉市"三旧"改造智慧监管系统信息更新操作办法》，规范和强化"三旧"项目资料的在线报送及审查。

实施成效

该系统全面覆盖市政府、市主管部门、区政府、改造主体的四级用户体系，高效辅助计划编制、绩效考核、用地移交以及还建安置房推进等重点专项工作。该系统的全面应用极大地提升了武汉市"三旧"改造工作效率，高效服务支撑了"三旧"改造规划编制、计划实施及监督，为"三旧"改造的精细化管理和考核提供了重要的技术支撑。

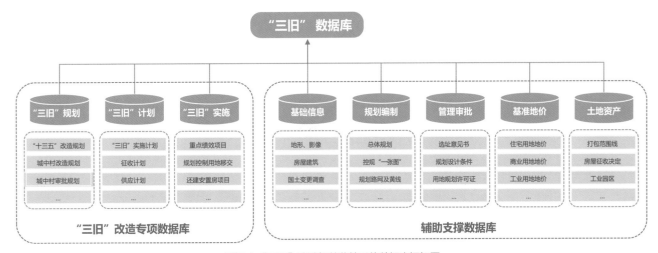

武汉市"三旧"改造智慧监管系统数据库框架图

武汉市城市更新总体规划

编制完成时间： 2016 年
获 奖 情 况： 2017 年度湖北省优秀城乡规划设计奖三等奖

项目背景

为统筹指导武汉市中心城区存量发展新阶段的更新工作，中心特针对武汉市中心城区的实际情况，编制《武汉市城市更新总体规划》。

主要内容

作为武汉存量规划的首次探索，规划厘清并明确了武汉市存量规划的概念内涵、理论体系、工作特点、规划原则与理念、技术方法和实施机制。

一是明确城市更新规划内涵及重点，首次探索存量规划编制内容与方法。基于国内外城市更新规划研究，结合武汉城市发展特点，明确了武汉城市更新规划

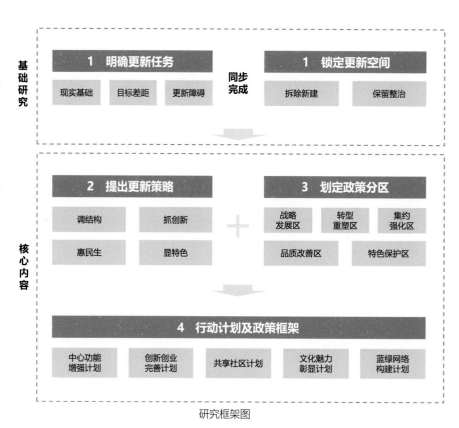

研究框架图

的内涵；作为武汉市城市更新规划顶层设计，提出"总体战略性更新规划—分区引导性更新规划—项目实施性更新规划"的规划层次，并明确各个层次更新规划的主要内容和规划任务。

二是采用非蓝图式"分区分类"技术方法，有序指引各区更新建设。在总体层面创新采用"分区引导+分类落实"的技术方法，根据区域功能类型，划定中心区、居住类、产业类、科教类、生态类、综合类、战略留白类等6类14个策略分区，并明确各区更新任务和发展重点；按照更新目标和更新程度分为战略发展区、集约强化区、转型重塑区、品质改善区、特色保护区等5类政策分区，针对每类分区提出相应的规划研究和土地利用政策导向。

三是提出城市更新机制与政策框架，明确规划实施路径。以更新机制为路径，以优惠政策为支撑，加强空间规划与实施政策、行动规划的关系，促进更新规划向公共政策转变，通过"战略导向+实施机制"双管齐下，激活产权人和市场资金的更新动力，保障规划建设按照更新方向实施，最终实现城市总体目标。

实施成效

规划核心结论已纳入《武汉市国土空间总体规划（2021—2035年）》，为总体规划编制提供了有效支撑。

武昌沙湖村"城中村"综合改造规划

编制完成时间： 2005 年
获 奖 情 况： 2006 年度湖北省优秀工程咨询成果优秀奖

项目背景

沙湖村位于武汉市内环线以内、武昌区中心地带，临近沙湖，全村用地面积24.2hm²，总户数215户。2004年，武汉市"城中村"综合改造全面启动，沙湖村是武汉市政府确定的15个试点村之一。为了推进沙湖村改造，中心编制《武昌沙湖村"城中村"综合改造规划》。

主要内容

规划从保障村民生活需求、城市公共利益与市场开发收益的角度，提出"城中村"改造中用地规模测算、空间布局与地价确定的技术方法，促进"城中村"改造多方共赢。

一是基于村民居住及就业安置需求，分类测算用地规模。在详细调查现状土地利用、住户、人口数据基础上，根据"城中村"改造政策，按还建安置房户均建筑面积300m²及容积率1.6~1.8的标准测算还建用地规模；按劳动力人均用地80m²计算产业用地规模；按开发用地与还建用地规模比例1：1~1：1.5计算开发用地规模。

二是统筹考虑各方利益，四类用地实行统一规划。根据各类用地规模，按照上位规划要求，统筹考虑各方合法权益、区域功能要求、建筑形态协调性等多种因素，对还建用地、产业用地、开发用地、规划控制用地四类用地的布局及建设强度、高度形态进行论证。

三是开发用地与还建用地捆绑测算挂牌底价，保障建设资金来源。根据武汉市"城中村"分类改造建设的有关政策规定，规划根据还建安置房建设成本及开发用地地价测算沙湖村改造挂牌地价，确保满足还建、开发等资金要求。

实施成效

该规划已实施，改造后沙湖村从原有破旧的"城中村"变为集现代居住、商业金融、滨水休闲娱乐等多功能于一体的综合商住区，实现了居民生活、经济发展、城市环境的多重改善。

沙湖村改造实景图

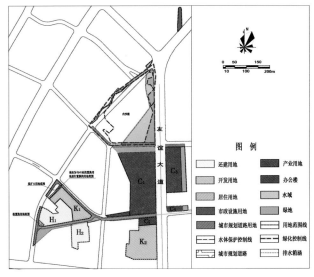

沙湖村改造用地布局图

东湖风景区景点

图片来源：俞诗恒 摄影

与城市共生
武汉规划实施体系建设

第三章

城市设计
从零起步探索城市设计全域全要素之路

1 综述

城市设计是落实城市规划、指导建筑设计、塑造城市特色风貌的有效手段，它贯穿于城市规划建设管理的全过程。城市的功能布局、空间塑造、环境品质、文化内涵和艺术特色等方面都是通过城市设计体现并建立起来的。经由城市设计的无形之手，城市空间才会变得更加舒适宜人、方便高效、健康卫生和诗意优美。

20世纪末，随着国家改革开放的不断深化，城镇化率不断提升，全国各大城市发展也进入了"快车道"。城市高楼拔地而起、扩张加剧，各种矛盾在城市管理过程中相继凸显。城市设计作为落实城市规划的一种手段，逐步进入到规划管理者的视野。在这一时期，武汉市也拉开了城市风貌提升的序幕。城市规划从关注城市功能布局，逐步转向对城市形象、景观风貌、公共空间、地下空间等的关注。城市规划管理也从二维用地功能管控迈向了三维城市空间管控。

自2007年中心参与武汉市城市设计工作以来，历经十多年的发展与积淀，从支撑建立城市设计相关标准、推动城市设计走向实施，再到将城市设计融入国土空间规划，推动武汉精细化城市治理水平提高。中心辅助武汉市国土和规划主管部门探索了一条具有武汉特色的城市设计发展之路。

1.1 从无到有，参与建立武汉市城市设计相关标准

2007年，武汉市正处于城市环线建设和主城区城市风貌提升期，城市关注的重点从原来单地块开发转向对城市重要街道、重要节点的规划设计。武汉市委、市政府提出借鉴北京、上海等城市经验，结合武汉市城市环线建设和主城区城市风貌提升，探索性地开展了城市重要干道、重要门户节点的城市设计编制工作。

中心以此为契机，业务拓展至城市设计领域。此后的4年，中心开展各类城市设计编制30余项，覆盖城市设计范围约150km²，基本实现了武汉市主城区内重要节点、一环二环等主要干道和两江四岸、主要湖泊周边等重点区域的城市设计全覆盖。涌现出了一大批城市设计亮点项目，如解放大道循礼门节点城市设计、武汉市二环

线地区城市设计、南湖周边地区城市设计等。与此同时，中心还结合项目编制不断总结经验，支撑武汉市国土和规划主管部门制定了《武汉市城市设计编制技术规程》《武汉市局部城市设计导则成果编制规定》《武汉市城市设计编制与管理技术要素库》等技术标准，参与拟定《武汉市城市设计管理办法》等工作，在全国率先探索城市设计编制与管理的思路方法。

一是以点起步，从二维走向三维。随着政府对城市空间和风貌要求的提高，原来传统的用地论证模式已经无法满足城市空间塑造的需要，因此，中心通过研究"三维"管控手段，将用地规划布局与地上空间形态、地下空间利用、垂直交通组织等内容一体化设计，探索性提出了城市设计的量化指标和建筑设计导引。

二是由点到线，从地块走向街道。中心以武汉市二环线建设为契机，参与了徐东大街、雄楚大街、中北路、东湖路等重要干道沿线的城市设计工作。通过对城市干道沿线的空间界面、街道尺度、建筑群体关系、城市天际线、街道风貌色彩等方面的研究，探索形成了线性区域的城市设计编制要素和技术方法。

三是从无到有，城市设计编制技术方法和相关规程逐步建立。为提升市国土和规划主管部门在城市设计方面的编制和管理效率，中心在实践探索的基础上，反思总结城市设计"编什么，如何编，如何用"，参与了城市设计编管体系研究，提出"总体—分区—局部"的城市设计编制体系以及"总则—导则—细则"管控体系。

城市设计系列技术文件和管理办法的相继出台，进一步规范了城市设计编制要点和审查流程，为后续加速推进武汉市城市设计全覆盖工作奠定了基础。

在这一阶段，武汉城市设计从无到有，并有了质的提升。为了进一步加强城市设计的落地实施，推动城市设计与实际招商和建设相结合，在市国土和规划主管部门的领导下，中心开始思考并谋划实施性城市设计的新模式。

1.2 加强管控，多元手段助推城市设计实施

2011年，随着武汉市建设"国家中心城市"和"国际化大都市"总体目标的确立，迎来了城市大规模开发的建设时期。为落实国家中心城市的职能定位和功能要求，武汉市中心城区开启了重点功能区规划建设模式，更加注重城市功能塑造与城市空间设计，城市设计关注点也从线性空间塑造转向片区综合开发。

在这一发展阶段，中心通过40余项各类城市设计、10余项城市设计专题研究，进一步对城市设计的编管体系进行了升级，对城市设计的实施手段进行了创新。2013年，中心拓展国际视野，提升综合水平，通过参与汉口滨江国际商务区、武昌滨江商务核心区两片市级重点功能区以及姚家岭国际艺术文化区、中北路金融大道等一批区级功能区项目，探索了功能区城市设计的新模式。2016年，中心将目光从重点功能区延伸至公共空间，聚焦武汉东湖、武汉东西山系等城市重要公共空间，通过与联合国人居署合作，共同探索场所营造在城市设计中的应用。在这一阶段，中心结合实际项目，总结形成了多种手段，助推城市设计的落地实施。

一是城市设计融入土地计划思维，在土地要素保障方面推动实施。中心探索性地提出了城市设计与土地储备计划、土地供应计划相结合的思路，考虑土地储备范围、土地征收成本、相关宗地权属等因素，结合供地范围开展城市设计方案编制。

二是城市设计法定管控路径形成，在编管体系建立方面指导实施。中心一方面将城市设计二维刚性管控要素（包括功能布局、开敞空间等）转化为控规导则，并纳入规划管理"一张图"系统中进行控制；另一方面，提炼城市设计三维要素（包括建筑高度、塔楼位置、街墙、贴线率等），形成城市设计要点，纳入控规细则，并转化为拟出让地块的规划设计条件，高效引导具体地块建设实施。

三是城市设计与多专业协同，在综合手段应用方面促进实施。中心努力打破学科界限，采取国际合作、多学科融合的工作机制，逐步摆脱了城市设计是研究形态的传统思维，以空间设计为核心，融合产业策划、市政交通、文物保护、景观设计等多专业领域的技术成果，形成具有综合性和可操作性的城市设计方案。

四是城市设计平衡多元利益，在公众参与方面引导实施。中心在城市设计编制思路上强调规划的动态性，通过公众参与、众规众筹等方式，广泛听取公众、政府、企业意见，通过规划手段和设计语言，将不同利益群体对城市美好生活的向往转化为设计蓝图。

经过中心多年探索和创新，在全市共同努力下，武汉市功能区城市设计编制相继完成，房屋征收、土地储备、招商建设如火如荼，城市功能逐步完备、城市形象更为凸显，武汉中心城区的城市面貌有了明显改观。同时，在武汉市生态文明建设和公共空间营造方面，也树立起了如东湖绿心、东湖绿道、武汉东西山系等一系列城市公共空间品牌与典范。

1.3 面向全域，助力提升城市设计综合管理水平

党的十八大以来，中央对城市设计工作更加重视，住房和城乡建设部出台《城市设计管理办法》，并在全国范围内开展城市设计试点工作。武汉作为全国第二批城市设计试点城市，在城市设计编管体系方面提出了更高的要求。中心总结多年来城市设计积累的实践经验，积极配合市国土和规划主管部门探索建立了精细化、特色化管控的新模式。

2021年，随着中央机构改革，自然资源部发布《国土空间规划城市设计指南》，明确"城市设计是国土空间高质量发展的重要支撑，贯穿于国土空间规划建设管理的全过程"。城市设计不再局限于传统范畴，逐步由单纯"空间营建的技术工具"向"空间治理的管理工具"转变。在此期间，中心围绕以人民为中心，以塑造高品质城乡人居环境为目标，辅助市自然资源和城乡建设主管部门加强城市设计管理，不断探索城市设计管理制度、工作机制的优化升级，全面提升新时期城市设计综合管理水平。

中心在武汉市主城区城市设计实践的基础上，进一步拓展新城区（开发区）重点功能区城市设计，先后开展了50余项整体城市设计与地段城市设计工作，完成近10项专项城市设计研究，助力5部相关政策文件发布，协助完善城市设计分层协同管理机制，不断优化城市设计法定管控路径。中心通过参与中法武汉生态示范城、江夏区纸坊老城、东西湖区海口片等项目，探索新城区功能区城市设计的实施新模式；通过研究制定《武汉市滨水临山地区规划管理规定》《武汉市主城区建筑色彩和材质管理规定（试行稿）》等文件，深入研究城市设计公共政策属性的转化路径；通过参与城市设计重点地区划线，不断健全城市设计管理机制，助力城市设计管理水平的不断升级。

一是探索推进城市设计全域全要素覆盖。随着《关于开展武汉市新城区（开发区）城市设计相关工作的通知》发布，中心对城市设计编制的工作范围由中心城区向新城区拓展，逐步推进新城、城镇、乡村的城市设计全域覆盖；对城市设计要素研究从侧重城镇建设区内的空间形态引导，向城镇乡村建设与山水林田湖草的整体空间关系的协调性拓展，进一步探索推进实现城镇、生态、农业三大空间的全要素管控。

二是助力强化城市设计的公共政策属性。为了进一步彰显武汉市城市特色，基于城市设计体系，对于需重点控制地区的特定城市设计要素，如滨水临山地区的建筑高度、色彩与材质等特色要素，中心开展了相关专项城市设计研究，转化为武汉市自然资源和城乡建设主管部门城市设计管理的规范性文件，作为城市设计管控体系的重要补充和支撑，对充分发挥城市设计的公共政策属性、加强对城市风貌特色塑造的指导具有重要意义。

三是支撑推动城市精细化管理水平提升。为创新城市设计管理制度、促进城市设计法定化进程，中心通过城市设计重点地区划线等项目与法定规划体系相衔接，形成分区、分级的差异化管控体系，推动市区规划管理审批分工相关制度的完善，满足城市精细化管理的需求。

新时代背景下，中心为了辅助市自然资源和城乡建设主管部门提高城市设计综合管理水平，对国土空间体系下的城市设计进行了思考和探索。为实现城市设计与国土空间规划体系的有效衔接，中心通过探索国土空间规划体系下的城市设计传导路径，助力武汉形成独具特色、全域覆盖、差异化管控、全周期管理的城市设计实施机制，为全面提升武汉市全域国土空间环境品质发挥了应有的作用。

城市设计在提高城市空间品质方面具有重要作用，关系到每个居民的生活质量，通过创造艺术性的空间场所，满足人们物质与精神、生产与生活的发展需要。它对武汉的整体形象和景观空间进行谋篇布局，为其涂色增彩，使城市发展有章可循。中心正是扮演了"持笔者"的角色，从设计、管控、实施3个层面实现了城市设计从无到有、从局部到整体、从纸上走向现实。

经过中心20年来的耕耘，曾经火车长鸣的二七，现在向水而生，楼宇林立；曾经破旧没落的武昌古城，现在游客交织，新生活力；曾经偏于一隅的东湖，现在城湖相融，相得益彰……中心参与的城市设计项目从主城区内的两江四岸、一环二环等主要干道和重点功能区，拓展延伸至武汉新城区（开发区），为未来的城市风貌勾勒出"骨架"，从构建城市总体格局到刻画建筑细节，全方位、多角度塑造武汉全域"颜值"新高地。

如今，武汉的城市形象已然巨变。未来，城市设计作为国土空间规划的重要支撑，通过国土空间功能区体系建设，将不同空间的魂、形、神勾画出来，将其贯穿规划建设管理的全过程，不断推进城乡空间环境品质及治理能力的提升。中心将继续手执城市设计之"笔"，进一步研究探索新时期的城市设计实践，在国土空间的"画板"上继续描绘新的画卷。

2 代表项目

▎东湖绿道实施规划

编制完成时间： 2017 年

获 奖 情 况： 2018 年 ISOCARP 规划卓越大奖（The ISOCARP Award for Excellence – Grand Award）；
2017 年度全国优秀城乡规划设计奖二等奖

项目背景

东湖绿道所在的东湖国家级风景名胜区位于武汉二环与三环线之间，总面积约62km²，其拥有旷阔郊野的生态本底，半边山水半边城的景观格局，荆楚、红色及书香文化的人文资源。随着东湖由城郊湖转变为城中湖，其原有景观路承担了高负荷的过境交通功能，而串联式游览道路的缺乏导致东湖景点零散且联动不足，与此同时，市民对于东湖环境提升及开放共享的呼声也日益高涨。为进一步激发东湖活力，保护生态环境，提高

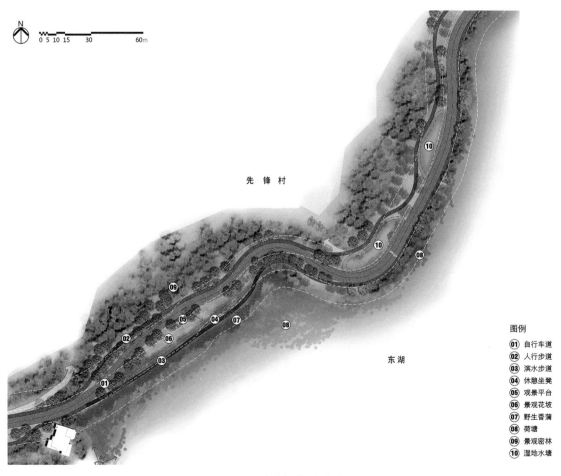

图例
① 自行车道
② 人行步道
③ 滨水步道
④ 休憩坐凳
⑤ 观景平台
⑥ 景观花坡
⑦ 野生香蒲
⑧ 荷塘
⑨ 景观密林
⑩ 湿地水塘

东湖绿道局部放大平面图

城市品位和市民生活品质，2014年起，在"全市统筹、分责推进"工作机制下，以中心为整体规划编制技术平台，与美国SWA景观设计公司、美国易地斯埃环境景观规划设计事务所、阿拓拉斯（北京）规划设计有限公司、深圳市北林苑景观及建筑规划设计院有限公司、武汉市园林建筑规划设计研究院、武汉市政工程设计研究院等国内外知名机构组成联合设计团队，全面推进东湖绿道一、二期实施规划。

主要内容

规划构建了一个以区域整体发展为背景的东湖绿道网络体系，从功能、景观、交通方面提出相关策略，并在建设时序明确的基础上详细开展了东湖绿道一、二期规划设计，指导建设实施。重点体现了以下亮点与特色。

一是实现完整闭环的公众参与。通过全国首例先行先试的"众规平台"，建立"前期规划建议收集—实施过程公众监督—后期完善建议反馈"路径，让公众全面参与规划实施全过程，基于"众规平台"的问卷调查、在线规划、规划建言等板块，不限职业、学历面向社会公众征集策划及建议、绘制规划方案、参与方案投票。

二是以大区域视角建立连续多样的绿道体系。规划以东湖为核心，将绿道线路串联并发散开去，最终建构377km的长江以南区域绿道网络及124km的东湖绿道。设置三级驿站体系，其中，结合东湖主要出入口设置一级驿站门户，承担服务配套、交通接驳、门户形象功能，强化城市功能与东湖公共空间的融合。

三是落实开放共享的理念。规划提出免费开放磨山景区等收费景区，并增设公共空间，植入多样化功能；同时提出分时段开放高校实验室、运动场等场所，让高校融入城市。

四是提倡最大限度的生态保护。规划提出通过建设生态缓坡、恢复生态地貌、开展水系连通工程等方式改善原有生态环境，鼓励公共及慢行交通，将部分路权归还慢行交通，减少机动车穿行，同时采用高标准绿道材料、建立生物通道等措施，减少对生态环境的影响。

五是关注设计的包容性。规划针对老年人及残疾人、妇女儿童、学生及文艺青年、骑行爱好者等群体需求，提供安全保障设施、第三卫生间（家庭卫生间）、热水供应设施、集中餐饮设施等配套设施，并鼓励发展生态旅游业，为原有居民提供就业岗位。

实施成效

在规划指导下，2016～2017年底，东湖绿道一期、二期相继建成开放并扣环成网，总长约101.98km。东湖绿道全面提升了东湖生态环境及空间品质，广受市民好评，高峰日人流量达30万人次，成为武汉国际赛事与民间活动的重要载体。2016年该项目成为国内首个入选的联合国人居署"改善中国城市公共空间示范项目"。2019年东湖作为武汉市军运会公开水域游泳、帆船、公路自行车、马拉松四大项目的主赛场,被誉为最美山水赛场。

东湖绿道湖中道整体鸟瞰实景图

图片来源：俞诗恒 摄影

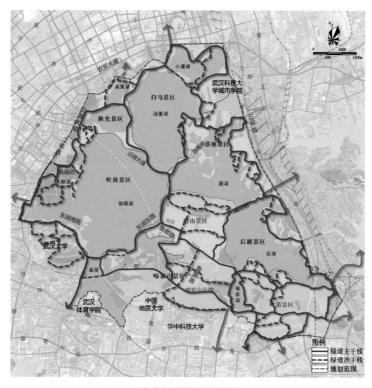

东湖绿道体系规划图

东湖绿道亲水空间实景图

图片来源：俞诗恒 摄影

东湖绿道亲水空间实景图

图片来源：俞诗恒 摄影

东湖绿道湖中道实景图

图片来源：俞诗恒 摄影

东湖绿道郊野道实景图
图片来源：俞诗恒 摄影

中法武汉生态示范城总体城市设计

编制完成时间： 2017 年
获 奖 情 况： 2019 年度全国优秀城乡规划设计奖一等奖

项目背景

中法武汉生态示范城位于武汉市蔡甸区东部，规划范围35.8km²，是中法两国元首见证下合作签署的城市可持续发展示范项目，也是中法两国应对环境保护与气候变化挑战的最高级别合作项目。现状水网密布，北临汉江，南至后官湖，中有什湖，水塘与农田交错、连绵成片，呈现出江汉平原水乡地区的典型特征。2017年，中心和夏邦杰建筑设计咨询（上海）有限公司、苏伊士环境集团组成中法联合设计团队，完成了以"山水与城市相遇"为主题的城市设计方案，获得全球公开征集方案第一名。

主要内容

该规划以"创新产业之城、协调发展之城、环保低碳之城、中法合作之城、和谐共享之城"为规划目标，按照"空间渗透、生态共享、中法融合"的设计构思，聚焦城乡生态格局、功能产业布局、空间品质特色、低碳技术支撑4个方面，探索打造新时代江汉平原水乡地区生态、生活、生产融合的国际生态文明建设及可持续发展典范。

一是城乡生态格局：优化"全域海绵、蓝绿融合"的自然生态基底。规划以当地平原水乡的湿地水网特色为基础，通过构建"南北雨水花园+多级生态水渠+微循环渗透通道"的低冲击城乡海绵体系，打造具有国际示范意义的生态水循环系统，形成城市与自然融合的蓝绿生态网络。

二是功能产业布局：打造"产城融合、功能混合"的创新活力组团。围绕生态廊道进行组团式布局，立足中法产业合作、企业创新发展诉求、植入多元城市功能，形成总部引领组团、创新服务组团、科教宜居组团、生态科创组团、智造科创组团五大建设型组团，什湖九荡湿地群公园、知音源微湿地群公园两大生态型组团，搭建"东西双心、科技双谷、中法双镇、农旅双环、活力轴带"的用地功能结构。

三是空间品质特色：塑造"疏密有致、城绿渗透"的生态绿色街区。延续"湖泊—水塘—水田—村落"缓冲渗透的水乡空间肌理，通过建筑形态管控、开敞空间设计、道路景观化设计打造TOD核心区街区、一般街区、缓冲区街区三种典型街区，实现自然肌理向城市肌理柔性过渡，营造出生态新城"山水相遇、城景交融"的风貌特色。

四是低碳技术支撑：打造"低碳绿色、生态循环"的国际可持续发展设施体系。联合苏伊士环境集团，通过融合资源、交通和市政等基础设施体系建设，推动水、垃圾、能源、生态恢复、都市农业五大系统协同，建立创新资源循环经济模式，打造国际可持续发展典范。

该规划以中法武汉生态示范城总体规划指标体系为基础，提出用地、环境、交通、空间、设施"五位一体"的规划管控指标体系。针对集中建设区、非集中建设区形成差异化分区管理导则，分别从城市功能、建筑设计、公共空间、生态技术4个方面提出地块精细化设计要求，旨在研究探索传统城市设计管控要素从二维到三维，从传统单一到生态复合的全面升级。

实施成效

　　该规划成果纳入《中法武汉生态示范城控制性详细规划》，于2018年获得武汉市人民政府批复。在总体城市设计指导下，多个地块顺利完成出让，中法武汉生态示范城规划展示馆、还建社区、综合管廊、后官湖什湖生态治理等重大项目正陆续建成并投入使用，首个标杆示范项目——中法半岛小镇也在建设实施过程中，中法武汉生态示范城实施迈入新阶段。

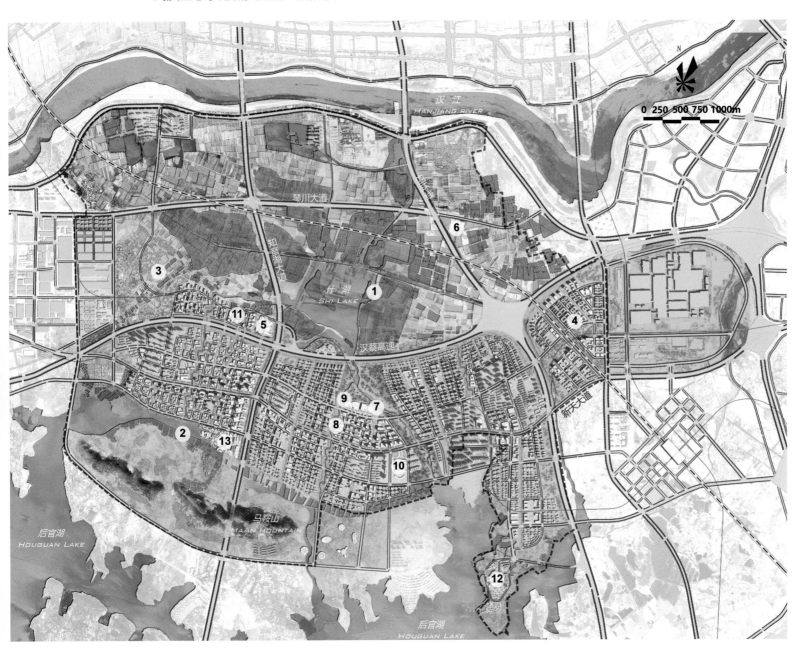

图例

1　什湖九荡·大湿地群	5　中法文化中心	8　新媒体文化中心	12　法式小镇-蓝沐镇
2　知音源·小湿地群	6　农业和可持续发展	9　市民文化活动中心	13　中式水乡-琴贤镇
3　中法生态创谷	研创中心CRIAD	10　同济医院	
4　智能制造科技创谷	7　体育中心	11　中法国际交流基地	

中法武汉生态示范城总平面图

中法武汉生态示范城生态绿廊效果图

中法武汉生态示范城局部鸟瞰效果图

中法武汉生态示范城滨湖缓冲区街区效果图

武汉市城市设计编制与管理技术库研究

编制完成时间： 2010 年

获 奖 情 况： 2011 年度全国优秀城乡规划设计奖三等奖

项目背景

为了塑造和强化武汉的城市特色，提升城市空间活力和空间效益，优化景观环境品质，引导城市健康发展，实现城市外部空间管理的精细化、标准化和法定化，中心开展了"城市设计导则的指导意见+基本要素库"相关研究工作。

主要内容

该研究基于武汉市城市设计技术构建情况及城市空间特色和规划管理需求，借鉴系统科学自组织循环完善原理的启示，建立了面向"基础研究—规划编制—规划管理—规划实施"全流程服务的编制框架。研究过程中以武汉市国土和规划主管部门为统筹主体，广泛征求城管、市政、交通等相关职能部门意见，确保了成果的广泛适用性；学习借鉴了北京、深圳等城市经验，开门做规划，广泛听取全国行业专家意见，借智借脑开展编制。

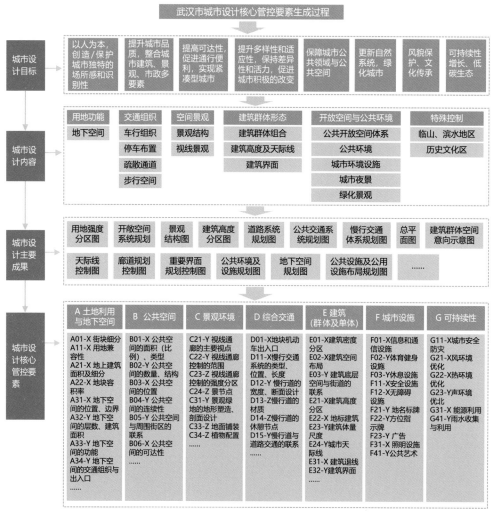

技术路线图

该研究基于对武汉市空间特色的归纳整理，提炼出与武汉市城市空间特色相关联的设计要素，进行重点研究；针对武汉市外部空间评价发现的突出问题进行归纳梳理，以案例的方式提出规划编制引导需求；针对规划管理需求和管控不足问题提出各要素管控方式建议。

研究成果包括技术准则库、技术图库、管理文件库、成效库、操作手册等"四库一手册"，其中技术准则库针对武汉特点，提炼出61个设计要素，将61个要素细分两大类、5中类、11小类3个层级，并强化滨水地区、临山地区、历史街区等特色区域的管控；优秀项目技术图库对照61个要素，广泛选取了国内外城市设计落地实践成果，逐一进行分析示例；管理文件库将武汉市既有的各项管理技术规定、政策规定进行汇总分析，是武汉市城市设计遵循的技术和制度保障；成效库收录了武汉市已实施的各类城市设计项目，记录了武汉城市设计规划编制与管控的发展变迁；操作手册针对准则库提出的各项要素管控要求，转化为具体的实施指南和实施路径。各项成果之间相互关联又彼此支撑，不同部分通过动态更新及时反馈至技术库，维护和确保了技术库良性自组织循环完善机制。

实施成效

该研究全面梳理了城市设计编制与管理基本要素，为市国土和规划主管部门科学决策以及后续城市设计工作的开展提供了必要的技术支持。2014年，该项成果转化为《武汉市城市设计编制于管理技术要素库》，由国土和规划主管部门正式发布，同时，该研究也支撑了武汉市道路后退、建筑色彩等管理技术规定的制定，以及武汉市城市各类设计规划的编制，也指导了楚河汉街、东湖路、首义文化区等城市设计、景观整治项目编制。

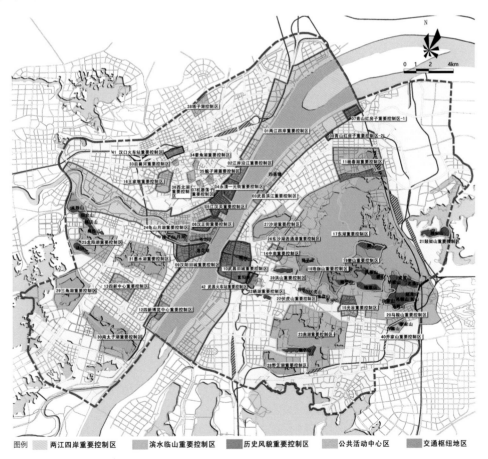

武汉市城市设计重要控制区平面图

武汉市主城区建筑色彩和材质规划

编制完成时间： 2014 年

获 奖 情 况： 2015 年度全国优秀城乡规划设计奖三等奖

项目背景

建筑色彩和材质管理是体现城市气质特性以及塑造统一和谐、丰富有序城市建筑色彩形象的重要抓手。为进一步提升武汉市建筑色彩材质精细化管理水平，中心联合北京西蔓色彩文化发展有限公司共同开展《武汉市主城区建筑色彩和材质规划》。

主要内容

该规划按照"管理促进规划，规划用于管理"的思路，明确了定性与定量相结合的色彩管理标准，构建了与城市法定规划体系相对应的"宏观总体规划—中观分区控制—微观项目指导"全过程色彩和材质规划及管控体系，实现了规划技术成果向规划管理工具的有效转化，实现了规划要求与建设项目审批及施工环节的有效融合。

在宏观层面，规划确定了"明快清爽、大气灵秀"的城市色彩形象定位，明确了"暖白灰橙"为主体的城市主色调。通过映衬青山绿水的暖白色，点亮城市未来的亮灰色和凸显历史文化的灰、砖橙色，为市民和游客呈现出武汉独有的色彩高级感。

在中观层面，采用分区分级、推荐色与禁用色相结合的双向管控模式，有利于展现"大江大湖大武汉"的城市面貌以及历史文化特色。一是将武汉市主城区的16片历史风貌区、6段滨湖临江重要界面、11个重要功能区列为建筑色彩重点控制区，其他区域为一般控制区；二是突出区域个性，制定分区控制导则，形成基调色控制表、分区推荐色谱和材质、分区禁用色谱和材质等；三是推行分区管控模式，重点控制区内的建筑色彩和材质须遵守色彩规划制定的各区色彩控制范围，优先在各区推荐色谱和材质中进行选择，一般控制区内的建筑则禁止使用分区禁用色谱与材质；四是推行项目分级管理模式，市级重大标志性项目、重要项目的建筑色彩以灵活引导为主，须提交详细的建筑色彩和材质设计说明书、材质小样等材料，上报会议审查，一般建筑项目则提交基础信息表，并进行常规审查。

在微观层面，提出色彩搭配通则，为建筑项目色彩和材质设计提供精细化指引。依托国际标准蒙塞尔色彩体系，结合中外环境色彩设计经验，项目围绕建筑单体、建筑群体、道路沿线、滨水连续界面等地在建筑和环境、色彩和材质搭配等方面提出通则性引导建议。

实施成效

规划成果转化为《武汉市主城区建筑色彩和材质管理规定（试行稿）》《武汉市主城区建筑色彩和材质应用技术指南》《武汉市主城区建筑色彩推荐98色专用色卡（试用版）》《武汉市新城区（开发区）建筑色彩规划指引》，应用于武汉市建筑项目精细化管理审批。

武汉市国土和规划主管部门组织召开了多轮面向规划管理人员、设计机构、建设企业代表等的培训会，并结合媒体宣传平台将建筑色彩和材质规划与管理要求全面推广，引导公众共识与使用。

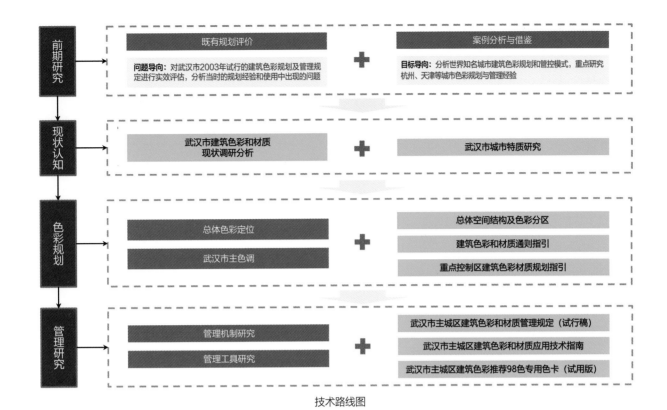

技术路线图

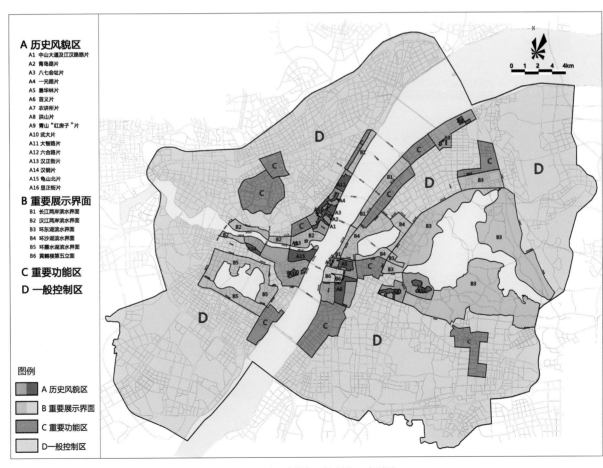

A 历史风貌区
A1 中山大道及江汉路片
A2 青岛路片
A3 八七会址片
A4 一元路片
A5 昙华林片
A6 首义片
A7 农讲所片
A8 洪山片
A9 青山"红房子"片
A10 武大片
A11 大智路片
A12 六合路片
A13 汉正街片
A14 汉钢片
A15 龟山北片
A16 昙正街片

B 重要展示界面
B1 长江两岸滨水界面
B2 汉江两岸滨水界面
B3 环东湖滨水界面
B4 环沙湖滨水界面
B5 环墨水湖滨水界面
B6 黄鹤楼第五立面

C 重要功能区
D 一般控制区

图例
A 历史风貌区
B 重要展示界面
C 重要功能区
D 一般控制区

武汉市主城区建筑色彩控制分区索引图

武汉市城市设计重点地区划线规划

编制完成时间： 2017 年

获 奖 情 况： 2019 年度全国优秀城乡规划设计奖三等奖

项目背景

为深入贯彻落实中央城市工作会议精神，住房和城乡建设部于2017年正式发布《城市设计管理办法》，明确提出"总体规划或总体城市设计中应当划定城市设计的重点地区"的要求。同时，武汉市被列为全国第二批城市设计试点城市。为加强对武汉市重点地区城市设计规划编制与管理工作，让城市设计有用、管用，中心承担该规划编制工作。

主要内容

该规划立足于武汉市城市设计管理实际需求，在全国尚无成熟经验可循的情形下，按照"锁定要素—明确标准—分类划线及分区指引—分级管控"的技术路线，通过分类划线和分级管控，在总体规划层面明确武汉市重点地区城市设计的编制管理边界和相关要求，起到一定示范作用。

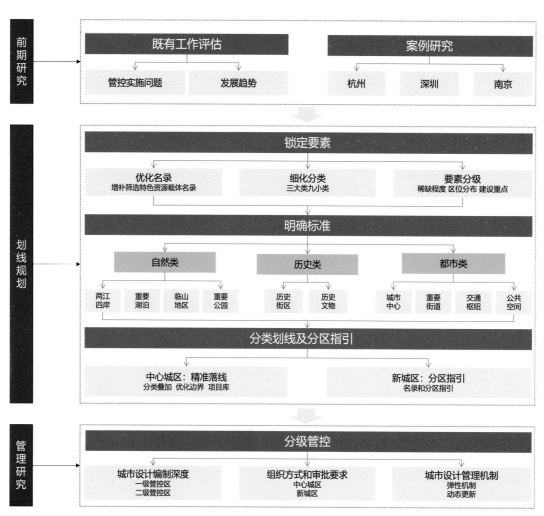

技术路线图

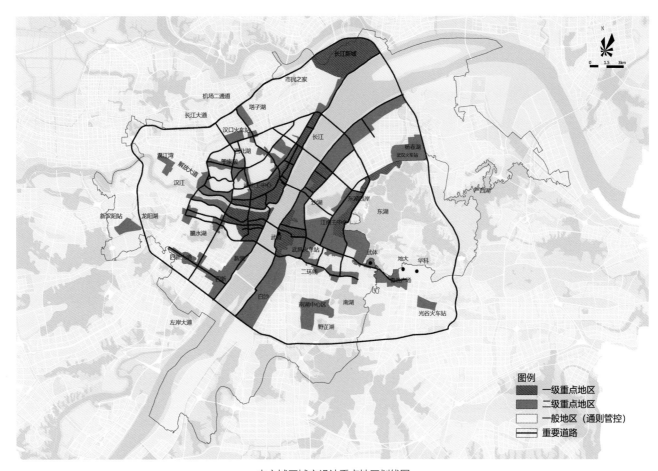

中心城区城市设计重点地区划线图

一是锁定特色资源要素。延续《武汉市总体城市设计战略研究》中提出的全国首份"城市特色空间载体保护名录"。在特色空间载体自然类、历史类、都市类的分类基础上，进一步细化形成两江四岸、重要湖泊、临山地区、重要公园、历史文化风貌区、城市中心区、重要街道、交通枢纽及其他公共空间九小类特色要素，锁定各类资源要素并提出分级建议。

二是分类开展划线工作。自然类要素综合自然景观界面特征、滨水临山管控要求和观山、望湖、登高观景需求，历史类要素落实上位规划的刚性管控要求，都市类要素结合城市发展意向、视觉原理和车行及步行活动范围等因素，分类制定划线标准，完成划线工作。

三是分级制定管控规则。面向市区管理差异，规划按照"中心城区边界管控、新城区名录推荐"的思路推行全域分区、分级管控。同时，进一步明确各级重点地区城市设计编制深度、组织编制方式和审批要求，进一步完善城市设计管理机制，推动城市设计法定化、城市空间管控三维精细化升级。

实施成效

2017年10月，该规划作为武汉市推进全国城市设计试点城市建设的重要支撑专题之一，纳入武汉市城市设计管理体系；2018年，该规划成果有效指导《武汉市建筑规划管理市区分工研究》，并纳入相关的法定性文件，为武汉市落实国家"放管服"改革要求、提升武汉市国土规划行政审批效能起到较好的促进作用。

武汉市东西山系生态廊道概念规划及核心示范段概念景观设计

编制完成时间: 2021年

获 奖 情 况: 2022年度中国风景园林学会科学技术奖(规划设计奖)二等奖

项目背景

武汉市东西山系生态廊道西起九真山、东至九峰山,全长约100km,涵盖约600km²的生态斑块,规划范围内山林密布、湖网纵横、人文璀璨,是武汉市山水人文要素的精华区,与长江主轴共同构成了武汉"山水十字轴"。2019年,为践行习近平总书记"两山"理念,立足武汉市委政研室关于建设"武汉山水绿轴"的总体构想,中心从武汉市东西山系生态廊道和龟蛇核心区等多个层级开展规划编制工作。

主要内容

规划围绕如何以绿道为载体,促进城市生态、文化、景观、活力提升,构建东西山系生态人文廊道宏观体系,打造武汉的"富春山居图"。

一是深挖长江文明内核,构建全市人文绿道网络体系。以串联"地脉+文脉"为总体思路,梳理武汉人文发展脉络,构建"人文之心、山水双脉、古今四道"的全市人文绿道总体结构,确定东西山系生态廊道的核心地位,提出"知音""黄鹤"等人文主题。

二是建立山水蓝绿网络,还原历史人文景观,打造城市山水人文绿轴。通过构建108km绿道主干线路,提升区域环境品质。在生态廊方面,重点改善28条河流沟渠水质,提升2处湿地空间;在景观廊方面,推动公园连片成网,构建国家级城市公园圈体系,形成五大公园聚落;在人文廊方面,充分挖掘历代楚汉文化脉络,还原"高山流水""楚城风韵"等历史意象,修缮多处文化遗址;在活力廊方面,完善五大旅游圈,带动沿途功能区、亮点区片、特色村湾建设。

三是强化区域慢行网络、打造观景城市阳台,塑造武汉"长江文明之心"。规划聚焦龟蛇核心区域,提出"武汉城市中央公园"的总体定位,构建"一脉五环"绿道总体结构,形成"连山、接水、串城"的慢行网络;借助地形之势打造15处望山览湖观景点;并以绿道为载体,打造26.3km的"黄鹤诗道",形成月湖、龟山、长江大桥、蛇山4段特色主题段,强化"龟蛇锁大江"的山水意向。

实施成效

规划成果已纳入武汉市"十四五"规划及2022年武汉市政府工作报告。东西山系生态廊道沿线的复绿、公园建设与提升工作正在有序开展,龟蛇核心段绿道工程启动实施,洗马长街公园的建设已经完成。该项目作为武汉市生态文明建设的重点项目将长期持续推进,建成后将成为武汉市新的城市名片。

东西山系黄鹤楼节点效果图

东西山系长春观节点效果图

东西山系龟蛇核心区鸟瞰图

武汉"大学之城"核心区实施性城市设计

编制完成时间： 2019 年
获 奖 情 况： 2019 年度湖北省优秀城乡规划设计奖三等奖

项目背景

武汉"大学之城"核心区位于高校云集的洪山区街道口片区，这里坐落了3所"双一流"高校，核心区规划面积约为10km²，是武汉市独一无二的科教资源和人才优势的集聚之地。2016年，为深入贯彻国家创新驱动发展战略，教育部与湖北省人民政府签订建设"双一流"高校的战略框架协议，将武汉"大学之城"建设纳入全市核心发展战略。在此背景下，中心联合辖区高校、科研院所携手共创"大学之城"。

主要内容

规划结合区内创智优势，提出"武汉中央创智区"的总体定位。重点体现了以下亮点与特色。

一是完善三级创新产业体系，打造"全生命周期"创智产业链。在引领层级，依托街道口、广埠屯区位优势，结合传统IT产业转型，升级打造互联网金融、总部办公等现代服务业。在核心层级，结合3所"双一流"高校的学科优势，提出建设"大信息、大智造、大文创"的环高校原始创新经济带，推动科研成果就地转化。在保障层级，进一步完善教育、医疗、文化等城市基础设施建设，通过优质的城市配套和政策吸引人才、留住人才。

二是以线带面，推动"大学之路"校城更新体系建设。规划以全长14km的"大学之路"城市绿道作为纽带，组织串联沿线山水资源、校园设施、城市功能、存量土地及公共空间，形成环状发展空间；结合存量用地分布，建设一批功能高度混合、配套优质完善的"创客街区"，为青年人才创业、就业提供优质的物质空间保障，实现"校区、园区、街区、社区"的深度融合。

三是构建多级校城交通体系，逐步推进校园道路开放。规划提出加密校城支路、开放校园道路的构想，在宏观层面，规划通过两湖隧道等城市干道网络加密，形成"四横两纵"的城市骨干网络，加强区域交通的快速疏导；在微观层面，对校园道路和城市道路进行一体化考量，对校外区域进行路网加密，对校内骨干路网进行分时、分段管控式开放，在确保校园安全前提下，实现对外通行。

四是构筑校城共享的配套体系，促进区、校双赢。规划创新性提出了共建社区邻里单元与高校科创单元、共享社区配套与高校文体设施、共办社会活动与校园节庆的三大举措，对武汉理工大学文体中心等校园场馆进行开放。

实施成效

规划成果作为教育部与湖北省"双一流"框架协议的重要支撑，成果内容已纳入《武汉市亮点区块建设（2020—2021年）工作计划》，核心区内的湖北工业大学马房山校区地块、武汉理工大学孵化楼二期等项目已相继建成。

武汉"大学之城"整体鸟瞰效果图

武汉"大学之城"街道口节点效果图

武汉"大学之城"广八路节点效果图

武昌区中北路青鱼嘴节点城市设计及核心地块方案设计

编制完成时间： 2014 年

项目背景

青鱼嘴节点位于武昌区中北路中段，沙湖大道、西岭路、兴沪路、建机路围合的区域内，规划用地面积约 64.5hm²。青鱼嘴节点是华中金融城"一轴一片"的重要组成部分，也是中北路沿线仅存的具有集中开发用地的优质地段。随着武汉重型机床厂搬迁和地铁四号线开通运营，中北路金融集聚带功能日趋完善，华夏银行、襄阳大厦等金融总部企业陆续入驻。与此同时，沙湖公园改造凸显了该节点作为沙湖东岸景观核心的整体定位，但现状滨水界面公共性较差，标志性景观形象缺失等问题尤为突出。

主要内容

为提升节点城市功能形象，统筹区域存量用地建设，中心联合美国BAKH建筑事务所开展了青鱼嘴节点城市设计，旨在实现节点功能强化、空间营造、活力提升、形象塑造、城市交通与土地利用一体化等综合目标。

功能定位方面，通过研究中北路金融大道及环沙湖周边地区整体功能格局，规划提出将节点规划定位为中北路金融大道核心功能节点和沙湖东岸形象展示窗口，旨在打造集商业服务、金融办公、酒店公寓、滨水休闲、文化创意等于一体的城市滨水标志节点。

方案设计方面，规划打造一条不小于100m宽的垂湖绿色廊道，提升沙湖滨水空间的可达性和视线开敞性。围绕大尺度的垂湖廊道布局现代商务楼宇群，形成以襄阳大厦为统领，由低、中、高等多个高度层级形成建筑群体组合，塑造层次丰富起伏的天际线轮廓线。通过加强标志性公共建筑的顶部造型设计，丰富城市天际线景观效果，构筑现代感、商务感强的整体城市形象。此外，规划注重节点整体精细化设计，通过相邻地块的统一规划，处理场地高差，完善微循环交通体系，并通过空中步廊和地下空间的有机衔接，提升节点空间的整体性。规划最终提出了武重B地块等6宗存量开发地块的城市设计导则，重点明确建筑高度、开敞度、贴线率等空间管控要求，支撑精细化规划管理。

实施成效

基于该城市设计方案，武昌区有序推进了中北路青鱼嘴节点存量土地出让。目前，襄阳驻汉办、华夏银行、天风证券、湖北碳排放权交易中心、中国铁路投资集团有限公司、平安大厦等多家企业及金融机构顺利入驻，青鱼嘴节点形态初见雏形，金融办公氛围浓厚。

青鱼嘴节点整体鸟瞰效果图

两江四岸地区鸟瞰效果图

第四章
Chapter 04
土地利用
不断提升土地利用集约化精细化程度

1 综述

人多地少是我国的基本国情，随着我国进入高质量发展阶段，如何节约集约利用有限的土地资源成为各地尤其是先发展地区必须直面的课题。过去十年是武汉市城镇化高速发展的时期，更要考虑人与土地的和谐共生关系，提高土地利用的集约化、精细化程度，促进经济的高质量发展。

十年间，中心遵循"调查评价夯实资源利用基础、地价管控落实资产管理要求、基础研究强化自然资源管理"的思路，围绕土地利用业务搭建了由调查评价、地价管控、储供计划、基础研究四大技术体系支撑的土地利用管理技术服务平台，并不断深化创新，为武汉市土地管理工作提供了强有力的技术保障与支持。

1.1 搭建调查评价技术支持体系，提升节约集约利用水平

武汉作为我国重要的工业基地和中部经济中心，在城镇化、工业化快速推进的过程中，建设用地供需矛盾日益突出，在严峻的用地形势下，如不能在土地节约集约利用上有新的突破，将难以适应建设国家中心城市的需要。

2012年，武汉作为全国30个重点城市之一，在国土资源部的统一部署下开展了城市建设用地节约集约利用评价试点工作，全面摸清了武汉市土地利用结构、土地利用强度、经济社会效益、潜力等信息，并探索形成了土地节约集约利用评价应用规划的"武汉模式"。为深化评价工作，探索评价成果应用的方式、方法，中心选取迫切需要通过土地节约集约利用、挖掘每一宗土地潜力来支撑区级经济发展的江汉区，同步开展了江汉区土地节约集约利用评价试点工作，在全国首创宗地层面的详细评价，建立了一套以"规土融合"的成果应用为出发点的特大城市评价体系，将评价工作与土地利用管理工作进一步紧密衔接。此后的6年间，在市级评价的基础上，中心陆续开展了区级土地集约利用评价、开发区土地集约利用评价、高校教育用地集约利用评价、城乡接合部土地集约利用评价和汉南区农村建设用地集约利用评价等各类评价工作，并承担了湖北省建设用地节约集

约利用评价汇总等省级评价工作，进一步丰富了评价的体系、细化了评价的类型，建设用地节约集约利用评价也发展成为武汉市国土资源工作"规土融合"的一个新亮点，助推武汉市土地集约利用水平大幅度提升。2019年，中心承担了部级课题"城市建设用地节约集约利用详细评价技术指南研究"，基于城市存量挖潜、"多规融合"等新形势需要，总结提炼武汉经验形成了全国性的土地节约集约详细评价技术标准，助推中心土地节约集约评价工作再上新台阶。

中心作为武汉市土地节约集约利用评价工作的技术团队，从无到有搭建了调查评价技术支撑体系，探索形成了富有武汉特色的"规土融合"评价技术方法，呈现出以下三大亮点。

创建了多目标、多层次、全覆盖的评价体系。在国家确定的以市级为主的评价体系基础上，结合湖北省建设用地节约集约利用评价汇总工作，增加了以省级为单元进行评价，并创新开展区级层面评价工作，增设契合各行政区自身发展诉求的特色评价内容，形成了"省—市—区"三级评价体系。将国家部署的宏观与中观层面的城市建设用地节约集约利用评价深入到微观层面的宗地评价，并对若干主要方面、重大问题展开更加深化和具体的评价研究，开展了开发区评价、高校教育用地评价等专项评价，对总体评价进行细化，建构了"总体评价—专项评价—宗地评价"体系。与此同时，在完成国家部署要求的以城市建设用地为对象展开评价的基础上，结合乡村振兴等工作需求，评价范围也从建成区扩展至城乡过渡地带再到城市外围农村地区，并结合武汉市"规土融合"的特点，创新进行规划地块潜力评价，保证评价结果多层次应用。

首创"规土融合"的评价技术手段和方法。以"规土融合"为主线，将规划融入节约集约利用评价核心节点编制之中，包括在现状分析环节形成土地利用现状分类与规划用地分类相衔接的用地分类技术方法，在地籍的基础上再按实际用途进行细分，实现了城镇地籍现状与规划用地现状权属、用途的有序衔接；在定量评价环节，在常规的土地利用现状、土地级别、容积率等影响因素基础上，增加了城市总体规划、强度分区规划、人口规划等规划影响因素，并统筹考虑规划区位、规划类型合理设定评价理想值；在潜力测算环节，完善了基于规划目标的综合潜力测算技术，在传统的规模潜力、经济潜力基础上，结合各类规划目标和规划实施要求，增加了土地开发成本、价值收益、人口和经济等多潜力测算，为潜力挖掘提供多维参考。

创新评价信息化手段。自主研发了武汉市建设用地节约集约利用辅助评价信息系统，实现了数据加工、处理计算、汇总分析、图表输出、信息查询等多种功能，促进了评价工作现代化、自动化、智能化，极大地提高数据调查录入工作的效率和质量，也为政府科学决策提供了信息参考与技术支撑。

1.2 建立"三位一体"地价管控体系，规范土地市场

涵盖"公示地价、交易地价、监测地价、评估地价"的地价管控支撑体系，是土地市场建设、土地资产权益保护和土地宏观调控等方面的重要支撑。

2010年3月，中心开展了武汉市中心城区土地级别与基准地价更新工作，这是中心机构职责变更后承担的首个土地方面重大项目。该项工作围绕市国土和规划主管部门机构改革后的"规土合一"工作机制调整要求，积极开展技术革新，提出"规划因子参与定级""精细化管理的市场用地分类体系"等八大创新，为强化政府

对城市土地市场的管理和土地资源有效配置提供支撑。之后，中心围绕市国土和规划主管部门对土地市场监测分析、土地评估等各类地价管理需求，逐步延伸拓展了地价动态监测、土地估价统筹、土地市场揭牌分析报告等业务，初步搭建了涵盖基准地价、交易地价、监测地价、评估地价的地价管控体系。

为满足市域一体化地价管理的需求，2014年，中心在新一轮的基准地价更新工作中将工作范围从武汉市中心城区逐步扩展至都市发展区范围，创建了特大城市"等别—级别—区片""楼面价—地面价"多层次的基准地价体系，并新建了引导立体开发利用、生态保护利用、促进产业优化升级等调控目标的地价政策修正体系，为地价参与宏观调控、有效引导产业布局、促进土地集约利用发挥了积极效用。在基准地价更新成果颁布实施后，中心以基准地价新体系为基础积极开展动态监测体系调整工作，实现各类地价管控体系在空间维度和价格体系的有序衔接。

结合乡村振兴战略实施以及建立城乡一体化土地市场的需要，2018年，中心在城镇基准地价基础上增加农村集体建设用地基准地价，在建设用地基准地价基础上增加农用地基准地价，形成服务整个市域自然资源资产管理的地价体系基础。2020年，按照国家公示地价编制要求，武汉市首次编制城镇标定地价，涵盖了城镇建设用地全类型，实现城镇建成空间全覆盖。武汉市城镇标定地价体系的建立，进一步完善了城市地价体系，为制订合理的地价政策、建立正常有序的土地市场起到积极作用。

从2010～2020年，中心作为全市公示地价项目技术团队，围绕武汉市不同时期的自然资源资产管理要求，不断完善优化技术编制体系与方法，具体呈现以下四大亮点。

创新了"三位一体"的公示地价体系。随着地价管理工作不断推进，武汉市公示地价内涵也在逐步丰富，从单一的基准地价扩充至基准地价、标定地价、监测地价共同支撑。系统理顺了各类地价在价格定位、空间关联、时间衔接等方面的逻辑关系，按照统筹衔接、差异互补的思路创新建立了包含"底价—市场价—评估价"全类型、覆盖"宏—中—微"多层次空间、涉及"近—中—远"动态周期的"三位一体"系统公示地价体系。

搭建了全覆盖全类型地价管控体系。随着武汉市城乡一体化土地市场的逐步建立以及土地有偿使用范围的不断扩大，基准地价等地价专项工作也随之通过管理层次、空间和用途的不断扩展以满足管理需求，搭建了涵盖"市—区—乡镇（街道）"、划分"等别—级别—区片"、涉及"国有+集体""建设用地+农用地"全域一体的地价管控体系，为强化武汉市土地资产权益保护、推进自然资源资产管理发挥了重要支撑作用。

探索了一条"规土融合"的定级估价路径。围绕"规土合一"工作机制要求，加入"规土融合"视角对定级估价技术手段进行深化，包括探索建立了"规土融合"的基准地价用途细分体系，衔接土地管理和规划审批的需要，增设规划因子参与定级，结合规划潜力分区对土地级别、地价区片空间进行调整优化，并设置了规划因子对地价加以修正，充分考虑规划预期对地价的影响，强化武汉市土地资产权益保护。

构筑了一套适应精细化管理的地价修正体系。为满足地价精细化管理、宗地评估需要，在传统区域因素修正、个别因素修正的基础上增加了用途细分修正、政策调控修正体系，对其进行了升级优化，其中包括区域因素修正体系进一步突出简洁、实用；个别因素修正体系新增临江临湖和学区等特殊因子修正系数，契合市场实际；针对土地租赁利用、地下空间开发和产业导向等编制相应政策修正系数，发挥了地价的杠杆调节作用，促进土地资源高效集约利用。

1.3 开展"储供一体"计划编制，推进土地有序利用

土地储备及土地供应计划是政府指导调控年度土地资产经营的纲领性文件，是政府实现土地市场调控、合理配置土地资源、保障规划实施的重要手段。按照市国土和规划主管部门统一部署，2010年起，中心承担了武汉市土地储备计划、武汉市国有建设用地供应计划编制工作。综合来看，计划编制工作呈现如下亮点。

完善工作模式。中心改变了以往土地储备、土地供应计划分头编制、相对孤立的模式，构建了规划引导下的"储供一体"有机衔接的计划编制体系，并通过自上而下、上下结合、弹性管控、刚性执行的思路，在强化市级统筹管理、落实规划实施要求的基础上，为计划总规模落实到具体项目并顺利实施奠定了良好基础。

丰富计划内容。在传统的单一储备、供应计划用地规模基础上，增加了土地储备的资金、入库、开发、管护等计划内容，将土地储备实施全过程纳入计划管理，支撑系统谋划、实施土地储备供应工作。

优化编制技术。包括在计划编制中强化经营理念，提升土地储备的效益与效率；开展土地储备供应矢量数据库建设，有效提升储备供应计划实施监管；开展武汉市国土空间规划资源潜力标准研究，系统盘整资源储备潜力，为储备供应工作从单一建设用地向自然资源资产转型奠定基础。

1.4 开展系列研究，支撑自然资源资产管理科学决策

党的十八大以来，各级政府面临着需要进一步提升执政能力和服务水平的考验。在此背景下，中心围绕自然资源和规划改革要求，聚焦行政审批工作中的重点、难点、热点问题积极开展研究工作，十年间完成部、省、市级各类基础研究数十项，为各级自然资源资产管理工作提供强有力技术支撑。综合来看，自然资源资产基础研究工作呈现两大亮点。

一是构建了服务管理全流程的研究平台。围绕"批、征、供、用、登、查"等审批流程，开展了市级集体土地征收补偿安置政策、"绿中村""景中村"综合改造政策、工业用地全生命周期管理政策、乡村建设规划许可政策、房地一体农房确权登记发证政策、支撑创新产业发展的供地策略研究、国土规划督察体制机制研究等基础研究工作，全面服务常态化管理工作政策研究需求。同时，围绕着十八届三中全会提出的自然资源资产产权制度改革、新一轮机构改革后自然资源部的"两统一"新职责等重大改革要求，开展了健全国家自然资源资产产权制度研究、自然资源统一确权登记政策研究、武汉市桥梁占用湖泊补偿制度研究、集体经营性建设用地入市政策等科研课题，为改革背景下相关前沿工作的推进奠定基础。

二是搭建了多层次的服务平台。以市级技术支撑服务为基础，将基础研究工作由"自上而下"落实政策向可反馈、多元化的"上下联动"转变，拓展了自然资源部、省自然资源厅和区级基础研究服务，完成了部级层面的自然资源管理基础理论问题研究、地下停车场权利设定与确权登记政策研究，省级层面的"十四五"重大项目建设土地要素保障研究、武汉都市圈协同发展的土地利用调控技术研究，区级层面的新增工业用地"标准地"出让研究、历史问题房办证路径研究等系列基础研究，形成了服务层级从中央到地方的"部—省—市—区"四级基础研究体系。

土地具有不可再生性，土地资源是人类赖以生存的载体。在武汉这座千万人口的大城市，土地的供给和需求关系显得尤为重要。中心通过调查评价、地价管控、储供计划、基础研究四大技术支撑体系，为武汉土地利用的可持续发展保驾护航。

在调查评价方面，中心探索形成的土地节约集约利用评价优秀经验在武汉市土地政策制定、规划管控、土地开发建设等方面产生综合效益，2017年、2018年和2020年，武汉市因土地节约集约利用工作表现突出受到国务院通报表扬。中心也积极将评价实践经验转化为技术方法论，为我国兄弟城市开展评价工作提供了技术指导。2013年《中国国土资源报》以"与城市发展规划深度融合"为题对武汉市土地节约集约利用评价模式进行了专版报道和宣传，武汉市"多规融合"的节约集约利用评价模式也多次作为典型在自然资源部组织的研讨会作宣讲交流。提炼总结武汉经验形成的《城市建设用地节约集约利用详细评价技术指南》已由自然资源部正式印发实施，为全国其他城市调查评价提供工作指引和标准规范参考。

在地价管控方面，十年间，从单一的基准地价到逐步形成了体系完善、更新及时、管理规范的地价管理体系，健全的地价体系为武汉市依法实施地价管理夯实了基础、丰富了手段。目前基准地价、标定地价已广泛应用在土地税费征缴、土地抵押等土地估价工作中，基准地价为政府征收土地使用税、确定"招拍挂"底价提供重要依据，标定地价为政府二级市场转让价格监管提供依据。同时，武汉市的地价体系也为进一步促进土地要素市场化配置、深化农村土地制度改革、加快构建城乡统一的建设用地市场发挥了重要作用。

在储供计划方面，经过不断探索完善，中心编制的土地储备、供应计划的执行率逐年稳步提升，该计划的实施为落实国民经济与社会发展规划、土地利用总体规划和城市总体规划发挥了积极作用，增强了政府对城乡统一建设用地市场的调控和保障能力，促进武汉市土地资源的高效配置和合理利用。

在基础研究方面，自然资源资产产权制度研究成果得到国土资源部高度赞扬，相关研究结论写进了国务院第275项改革方案，转化的政策办法由国土资源部、中央机构编制委员会办公室等七大部委联合发文实施。自然资源部先后3次发来感谢信，充分肯定中心在国土空间规划改革和自然资源确权登记工作中发挥的强有力支撑作用。

未来中心将适应自然资源权益和利用管理要求，落实"两统一"职责要求，进一步扩展工作范围，探索实现自然资源全要素覆盖，深化农业、生态等自然资源要素有关的评价、价格及基础研究，为深化自然资源有偿使用制度改革、落实自然资源资产权益管理提供支撑。

2　代表项目

▌"规土融合"的特大城市土地节约集约利用评价体系构建与应用

编制完成时间： 2017 年

获 奖 情 况： 2018 年度国土资源科学技术奖二等奖

项目背景

为深入贯彻落实党中央、国务院的决策部署，切实解决土地粗放利用和浪费问题，以土地利用方式转变促进经济发展方式转变，推动生态文明建设和新型城镇化，国土资源部于2012年初选择武汉作为试点城市之一，开展城市建设用地节约集约利用评价试点工作，中心在市国土和规划主管部门指导下顺利完成该项试点任务。2014年，国土资源部在全国范围内部署启动城市建设用地节约集约利用评价工作，为强化评价成果应用于国土资源管理，中心在前期试点工作基础上围绕"多规合一"的规划改革要求，进一步深化了全市土地节约集约利用评价工作，探索在规划目标引导下重构评价体系、创新评价的方法，适应特大城市土地节约集约利用精细化、立体化、全方位管理要求。

主要内容

该项目是以武汉实践探索为基础，进行土地节约集约利用评价与规划相融合的关键技术研究。一是满足特大城市多种尺度评价需求，建立多层次评价体系。针对特大城市用地规模大、行政区划多、土地利用变化快、

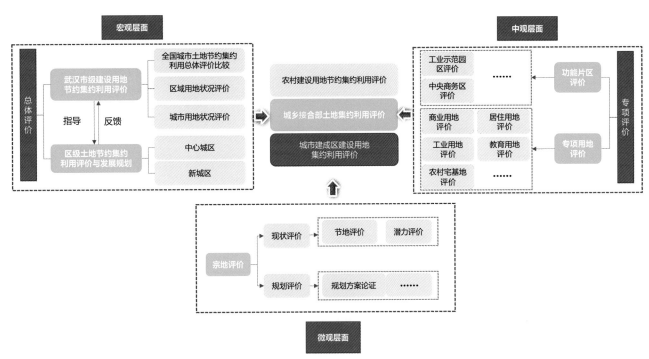

武汉市土地节约集约利用评价体系图

类型复杂等特点，构建从宏观、中观层面深入到微观层面的"总体评价—功能区评价—宗地评价"体系。从宏观上了解土地利用存在的问题，从中观上掌握不同类型功能区土地集约利用程度和挖潜潜力，从微观上客观反映可改造宗地分布状况、预期潜力释放水平，使特大城市存量土地挖潜时序安排、挖潜效能释放更具操作性。二是适应特大城市多元发展目标，建立多目标评价体系。考虑到特大城市中心城区和新城区（开发区）的发展水平及目标存在差异，在规程指标体系基础上增设特色指标，构建反映行政区功能特征与土地集约利用导向需求的评价指标体系，并建立与之相契合的理想值标准。三是系统提出"规土融合"的评价技术方法。将规划要素贯穿于现状调研、功能分区、理想值确定、潜力评价等评价环节，实现规划引导土地节约集约利用评价工作，同时将评价结果反馈到规划之中，包括以评价为基础制定了促进土地节约集约利用的发展定位、人口、产业、地下空间利用、旧城改造等规划策略与空间布局，制定了与潜力相适应的改造地块规划方案等，实现了评价与规划的融合互动。

实施成效

该项目探索构建的多目标、多层次评价体系以及"规土融合"的评价技术方法为国家制定完善技术体系、提升城市土地节约集约利用评价技术提供了参考。研究成果已应用于武汉市土地储备供应计划编制、节约集约用地考核等相关工作中。基于项目研究，还出版专著《"规土融合"视角下特大城市土地节约集约利用评价与实践》。

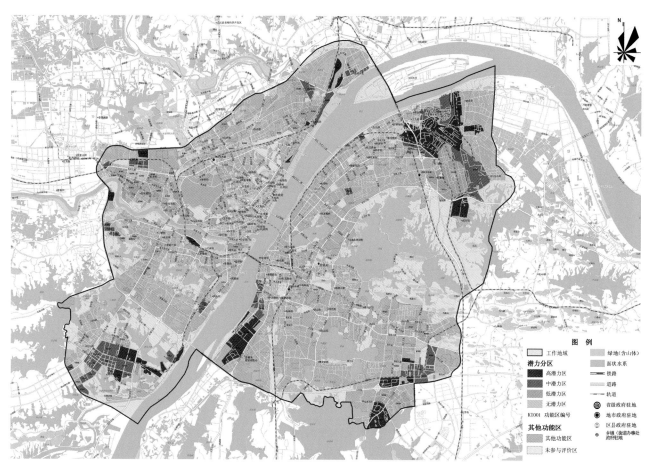

武汉市主城工业功能区用地规模潜力评价图

▌城市建设用地节约集约利用详细评价技术指南

编制完成时间： 2019 年
获 奖 情 况： 2020 年度中国城市规划学会科技进步奖三等奖

项目背景

自2012年承担国家建设用地节约集约利用评价试点以来，武汉市一直在探索宗地微观层面的详细评价，在评价对象、评价方法与技术集成等方面有重要创新，逐步探索形成了城市土地节约集约利用详细评价的武汉经验。为总结形成一套能在全国推广的判别城市低效用地潜力的详细评价技术标准和指南，2019年自然资源部委托中心开展"城市建设用地节约集约利用详细评价技术指南研究"，为全国其他城市详细评价提供工作指引和标准规范。

主要内容

该项目总结武汉市多年实践经验，搭建了贯穿详细评价工作全流程的评价技术标准，提高了详细评价的针对性、精准性、可操作性，具体如下。一是规范评价基础，以规划应用为导向，建立了"多规合一"的权属与地类相融合的土地利用现状图技术标准，规范了"现状用途与土地权属信息合一"的现状调查技术方法，为评价与规划的融合奠定基础。二是建立评价标准，从规划符合性、土地建设强度、土地利用效益等方面搭建评价指标体系，明确集约利用和低效利用的判别技术标准，并细分低效用地类型，为精准制定低效用地"一地一策"提供支撑。三是评估用地潜力，将潜力类型细分为规划未利用、批而未供、存量利用潜力等全类型，明确土地规模潜力、经济潜力等潜力测算方法，为政府决策提供参考。

实施成效

自然资源部以该项目为基础，编制形成了《城市建设用地节约集约利用详细评价技术指南》，正式发布并向全国推广。2020年自然资源部在唐山、无锡、福州、佛山等10个城市试点推广应用详细评价，成为试点地区国土空间规划编制、城市更新、土地供后监管、低效用地再开发、闲置土地处置的重要技术手段，在全国具有较强的操作实践价值和指导作用。

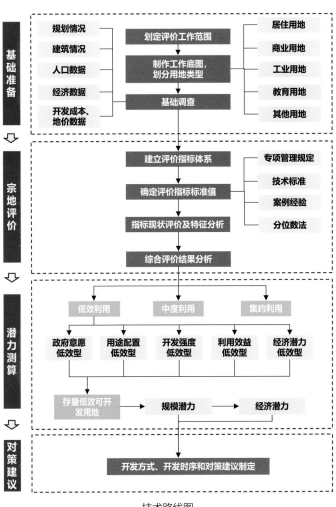

技术路线图

▍江汉区土地节约集约利用评价与发展规划

编制完成时间： 2012 年
获 奖 情 况： 2013 年度全国优秀城乡规划设计奖三等奖

项目背景

江汉区是武汉市用地面积最小、人口密度最大、经济实力最强的中心城区，迫切需要通过土地集约利用，挖掘每一宗土地的潜力来支撑区级经济的发展。2012年，中心在"武汉市建设用地节约集约利用评价"项目的基础上进一步延伸开展了区级试点项目"江汉区土地节约集约利用评价与发展规划"。

主要内容

该项目以"规土融合"为理念，将土地节约集约利用评价与江汉区发展规划结合，构建了从宏观、中观到微观的一体化评价规划编制模式，探索了从外延扩张型到集约优化型、从终极目标型到过程控制型的土地节约集约利用导向下的空间规划思路转型。一是建立了"规土融合"的现状用地数据库。对江汉区全域2005宗用地进行了权属、用途、面积、建设状况等调查，建立了涵盖用途、权属、容积率、建筑密度、审批情况等信息的现状数据库。二是开展区域总体评价，明晰规划目标和提升策略。从土地利用结构、土地利用效率、土地利用强度和土地利用动态变化4个方面进行总体评价，针对江汉区土地节约集约利用存在的问题，提出推进其核心产业功能提升、加快旧城改造更新、加大地下空间开发利用等整体规划策略。三是开展功能区专项评价，形成功能品质提升规划。对全区居住、商业、工业等功能区进行评价，对中、低度利用区域，从功能结构层面提出可实施的用地优化提升建议。四是开展宗地详细评价，策划实施项目。对单宗土地的建设强度、投入产出等指标进行分析，评价每宗土地利用潜力。提出单宗开发、整合开发、储备开发、打包开发等多种改造模式，并对改造地块土地储备时序进行了安排。选取近期重点改造地块，对其提出空间布局指引和综合实施建议。

实施成效

江汉区等区级土地节约集约利用评价与发展规划的实践经验，为完善武汉市建设用地节约集约利用评价体系提供支撑，为自然资源部编制《城市建设用地节约集约利用详细评价技术指南》提供借鉴。评价成果为江汉区重大项目选址、土地资产经营等提供参考。

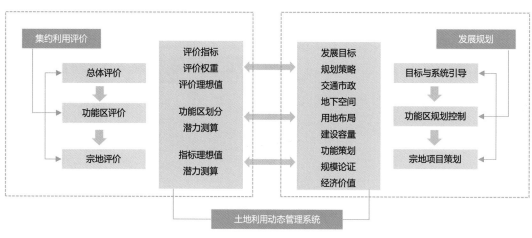

技术路线图

武汉市土地级别与基准地价更新

编制完成时间： 2010年、2014年、2018年
获 奖 情 况： 2013年度国土资源科学技术奖二等奖

项目背景

为进一步加强政府对土地资源的宏观管理，全面准确反映地价分布规律和地价水平，掌握土地质量和利用状况，科学管理和合理利用土地，根据国家、湖北省部署安排，武汉市于2000年完成了首轮土地级别与基准地价制定工作，并按照"三年一更新"的要求开展了后续更新工作。中心从2010年开始承担武汉市土地级别与基准地价更新工作，前后完成了2010年版、2014年版、2018年版三轮基准地价更新工作。

主要内容

该项目突出"规土融合""全域覆盖""动态更新"等编制理念，构建了全覆盖、全用途、精细化的基准地价体系。一是构建了武汉市城乡统一、全域全用途覆盖的基准地价体系，在空间上实现了市域8569km²全覆盖；在用途上，在商业、住宅、工业三类城镇建设用地用途基础上增加了公共服务用地、集体建设用地、农用地等用途，初步实现了城乡统筹的自然资源全要素覆盖。二是构建了"等别—级别—区片"的基准地价一体化衔接体系，采用"以等控级、以级控区"的技术方法，在全市按区和乡镇（街道）两个层次进行土地分等，在等别基础上统筹划定全市各用途土地级别，确定级别价，各区在级别基础上细分地价区片、确定区片价，支撑全市"市—区—乡镇（街道）"的一体衔接平衡。三是构建了适应地价精细管理、适应政策调控的基准地价修正体系，在传统区域因素修正、个别因素修正的基础上，构建"规土融合"的基准地价用途细分修正体系；结合土地市场调控管理需要，不断深化租赁用地、地下空间、产业导向、生态控制等政策调控修正体系。四是研发了一套集数据采集、智能测算、实时更新等功能的公示地价管理体系和信息系统，实现了地价、房价等基础样点数据的快速采集、录入和管理，研发了地价可视化查询、地价智能化评估、地价动态监测与基准地价动态更新等功能模块。

实施成效

武汉市土地级别与基准地价各轮更新成果均已经市政府同意公布实施，为武汉市依法实施地价管理夯实了基础、丰富了手段，基准地价已广泛应用于土地出让、转让、抵押等方面的土地估价工作中，为政府征收相关土地税费提供依据，为公众和相关机构提供了地价查询、评估应用等社会化服务。健全的地价体系也支撑了土地要素市场化配置、土地有偿使用、农村土地制度改革，为全市土地资产权益保护、土地市场建设和土地宏观调控发挥了重要作用。

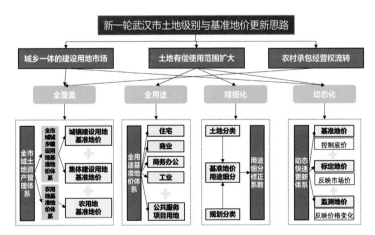

武汉市土地级别与基准地价更新思路图（2018年版）

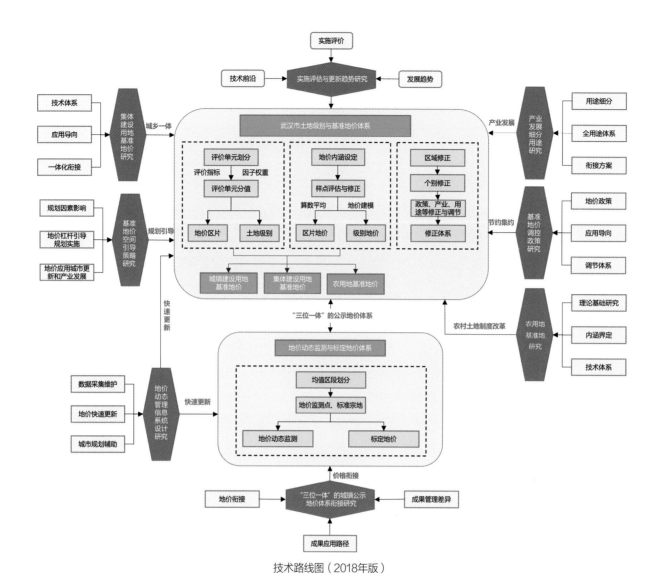

技术路线图（2018年版）

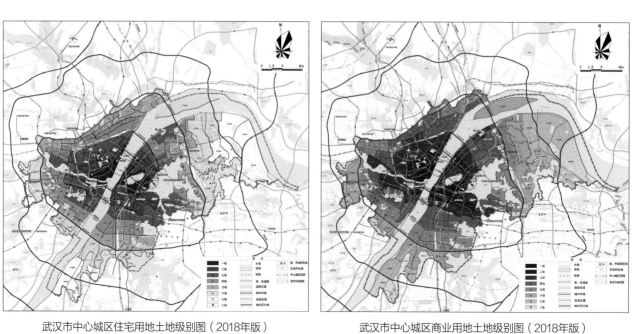

武汉市中心城区住宅用地土地级别图（2018年版）　　　武汉市中心城区商业用地土地级别图（2018年版）

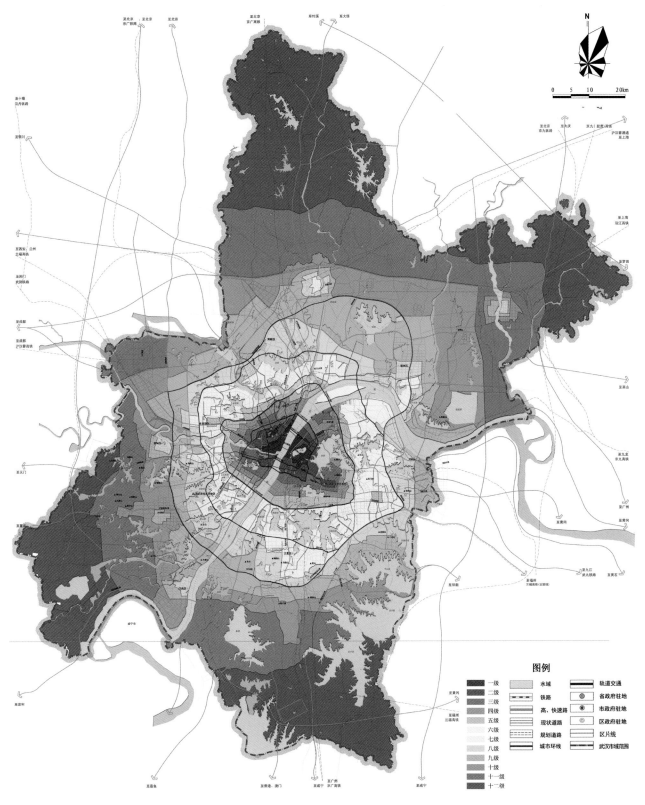

武汉市综合用地土地级别图（2018年版）

武汉市城镇建设用地标定地价制定

编制完成时间： 2020 年

项目背景

为强化土地资产权益保护，深化土地有偿使用制度改革，加强土地市场监管，根据《国土资源部办公厅关于加强公示地价体系建设和管理有关问题的通知》（国土资厅发〔2017〕27号）以及《自然资源部办公厅关于部署开展2019年度自然资源评价评估工作的通知》（自然资办发〔2019〕36号）等文件精神，2020年中心开展了武汉市首个城镇建设用地标定地价制定工作。

主要内容

该项目在国家政策要求和技术规范基础上，结合武汉市场实际和地价管理需求进行深化，形成富有武汉特色的标定地价成果。一是构建全面系统的标定地价体系。目前标定地价成果覆盖2056km²，其中中心城区为全域覆盖、新城区（开发区）为规划集中建设区全覆盖，实现地价管理不留空。编制对象涵盖商业、住宅、办公、工业、公共服务等五大用途，实现有偿使用对象不留白。在充分利用基准地价已建立的"等别—级别—区片"全域一体地价空间管控体系基础上，结合最新地价分布、规划功能分区、产业布局等因素，全市共划定1229个标定区域，为全市地价统筹平衡管控和未来地价动态快速更新奠定基础。按照"一个标定区域一宗标准宗地"的布设要求，在选取现状典型宗地为标准宗地基础上，衔接招商计划、土地储备供应计划等合理布设规划虚拟

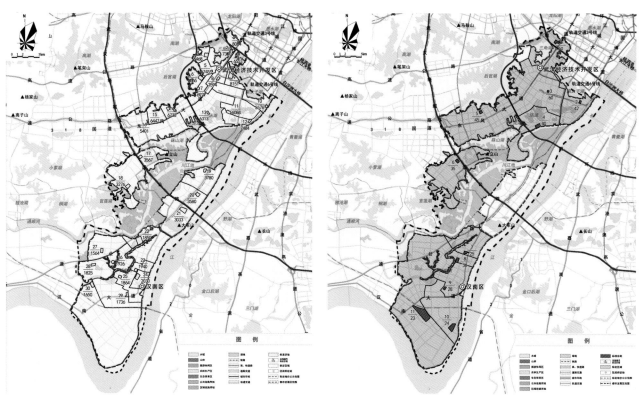

武汉经济技术开发区住宅用地标定地价图　　　　　　武汉经济技术开发区工业用地标定地价图

点，为后期服务供地决策预留接口。二是构建"市场定价+结构性调控"的标定地价体系。切实保障市场在资源配置中的决定性作用，以现状土地市场价格水平为定价基础，并落实精细化调控目标，对于各类用地实施"有促有控"的差异化定价，深化供给侧结构性改革，提高政府治理水平。三是构建"衔接互补"的标定地价体系。在标定区域划定、更新周期、价格定位、修正体系等多方面与武汉市既有的基准地价、监测地价等地价管理体系进行统筹衔接，并采用"补短板"的思路，增加了更新改造、二级市场监管、品质提升等相关政策修正，为形成武汉市"三位一体"系统全面的地价管理体系提供支撑。

实施成效

武汉市城镇建设用地标定地价成果已经武汉市政府同意公布实施，补齐了武汉市公示地价体系建设领域的短板，完善了地价体系，为更好地发挥市场在土地资源配置中的决定性作用和政府的调控引导作用提供支撑。标定地价为供地起始价的合理性分析提供了参考，辅助供地决策，为土地出让、转让、抵押等方面的土地估价提供支撑。同时，标定地价全面公布标准宗地的位置、面积、用途、容积率、地价等相关信息，以备公众查询比较，推进了地价的公开化、透明化，为优化营商环境提供支撑。

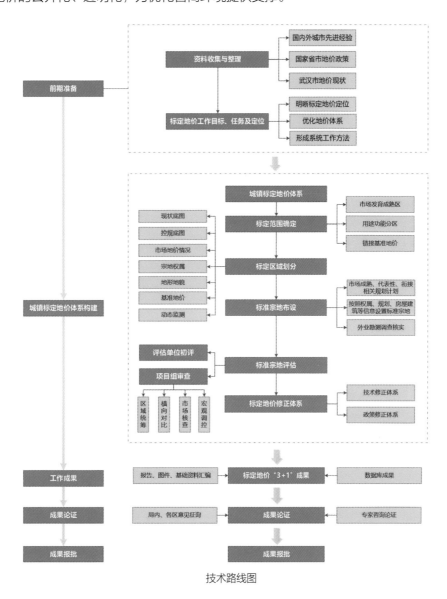

技术路线图

新型城镇化背景下鄂湘黔三省土地问题与对策研究

编制完成时间： 2013 年
获 奖 情 况： 2016 年度国土资源科学技术奖二等奖

项目背景

为贯彻落实党中央、国务院关于积极稳妥推进城镇化，走集约、智能、绿色和低碳的新型城镇化道路，深入分析新型城镇化背景下的土地问题，推进新型城镇化建设实施提供土地制度保障，全面掌握鄂湘黔三省在城镇化发展中的土地利用和管理情况，2013年，国家土地督察武汉局指导中心在鄂湘黔三省开展了新型城镇化背景下土地问题调查研究。

主要内容

该项目实地调研了鄂湘黔三省中武汉、长沙、贵阳等15个市（州）城镇化进程中出现的矛盾和问题，就当前城镇化发展呈现的"摊大饼"、低效利用、"一城独大"、重城轻乡等现象，深入剖析其内在作用机理，从城市和农村全域考虑的眼光，运用系统分析的方法，剖析城镇建设用地扩张迅速、耕地保护压力大、城乡土地要素流动受阻等问题的制度诱因。在充分考虑资源禀赋、环境承载力和人口对规划的约束作用基础上，创新提出"人地挂钩"的考核方式，合理确定城市规模。项目研究总结提炼了三省在规划管控、耕地保护和生态保护、土地差别化供应政策、保障农民权益、节约集约用地等方面的优秀做法、取得的成效和成功案例，并就"人往哪里去、地从哪里来、土地怎么管、土地怎么用"等核心问题提出了创新土地利用管理方式、助推新型城镇化建设的对策建议。

实施成效

该项目研究结论为深化土地管理制度改革提供了理论支撑，为鄂湘黔三省土地困境的破局提供了政策指导。项目成果在"2013年海峡两岸土地学术交流会"上进行了交流，2013年10月《中国国土资源报》全文刊载了《协调人地关系，统筹"三保"共赢——关于湖北、湖南和贵州三省15个市（州）土地利用调研》。

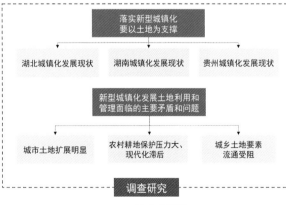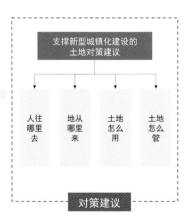

技术路线图

健全国家自然资源资产产权制度研究

编制完成时间： 2014 年

项目背景

党的十八届三中全会通过的《中共中央关于全面深化改革若干重大问题的决定》明确提出"对水流、森林、山岭、草原、荒地、滩涂等自然生态空间进行统一确权登记，形成归属清晰、权责明确、监管有效的自然资源资产产权制度"。中央全面深化改革领导小组将健全自然资源产权制度作为第275项改革举措，由国土资源部牵头推进落实。为落实改革任务，国土资源部于2014年委托中心开展"健全国家自然资源资产产权制度研究"，中心联合澳大利亚新南威尔士大学、武汉大学环境法研究所等单位合作完成了研究工作。

主要内容

该项目在自然资源资产产权体系构建、产权主体界定、统一确权登记、产权制度安排等重大问题上进行了国家层面的构建研究，实现保护与利用的"责权利"平衡，为国家自然资源产权制度和管理体制改革提供了参考。一是搭体系，以政府监管、市场交易、生态保护为目标，构建了"私权（物权）+公权+公益性私权"的自然资源产权体系，解决行政管理与资产管理混同的问题；二是明确权，根据自然资源的空间地域性、整体性、完整性，提出以国土空间及用途为载体的自然资源登记、单元空间登记的确权思路，明晰自然资源管理权；三是定路线，将自然资源产权制度置于整个自然资源管理系统中进行研究，从顶层和长远目标来设计我国自然资源产权制度构建路线图；四是做实证，对武汉市自然资源产权存在的问题进行剖析，验证自然资源确权登记路线在地方实施的可行性。

实施成效

该项目提出的自然资源产权制度构建具体路线图和行动方案得到国土资源部的认可，相关结论写进了国务院的相关改革方案中。

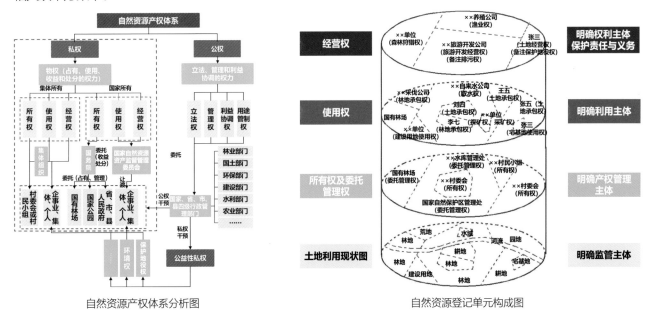

自然资源产权体系分析图　　　　　自然资源登记单元构成图

▌城郊生态空间治理视角下的武汉市"绿中村"综合改造政策研究

编制完成时间： 2020 年
获 奖 情 况： 2021 年度湖北省优秀城市规划设计奖三等奖

项目背景

武汉市2004年开始实施"城中村"改造，截至2020年仍有42个位于城郊生态环廊上的"城中村"未完成改造，这类村被称为"绿中村"。"绿中村"因生态管控要求严、规划建设约束大、还建安置难度高、改造实施主体不明确，面临城市发展和自身管控的双重矛盾，传统的"城中村"改造政策和手段难以适应"绿中村"改造需要。2020年，市自然资源和城乡建设主管部门组织中心开展"武汉市'绿中村'综合改造政策研究"，探索"绿中村"改造新模式，支撑"绿中村"在保护基础上的高质量发展、高品质建设和高效率治理。

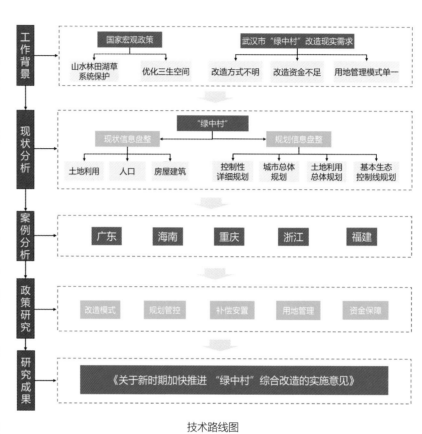

技术路线图

主要内容

该项目基于"绿中村"的现状资源禀赋和生态区规划管控要求，牢固树立山水林田湖草生命共同体理念，探索超大城市城郊空间治理新模式、新路径，促进自然资源开发保护更高质量、更有效率、更可持续，实现人与自然和谐共生。一是优化了改造模式，构建了"政府主导+板块实施""改造+整治+修复"的"统征储备+"模式，因地制宜分类实施、难易搭配统筹推进。二是加强了规划引领，明确了"保留+新建""集中+分散"的底线管控要求，严格空间用途管制。三是丰富了补偿安置方式，实施"还建安置+货币补偿+社会保障"的多元化补偿模式，充分保障群众权益。四是用好、用活了政策，创新了点状用地、新建指标置换交易等用地政策，提高资源配置效率。五是健全了保障机制，通过搭建多元资金路径构建自然资源资产运营管理平台，加强要素保障和管理基础。

实施成效

基于该项目研究，中心配合市自然资源和城乡建设主管部门起草形成了《关于新时期加快推进"绿中村"综合改造的实施意见》，为"绿中村"的改造提供了政策指引和改造路径，为促进民生工程建设、服务城市和谐发展提供支撑。

昙华林

1 综述

做强功能，做优品质，是城市建设和发展的重要追求，更是"建好城市为人民"的必然追求。在全面提升城市功能品质的过程中，需要做好顶层设计，更要锁定城市片区功能定位，将规划精准传导落地，功能区实施性规划的重要性日益凸显。

2012年，中心以汉口滨江国际商务区二七核心区为试点，率先开启重点功能区规划实施的探索，并提出"六统一"创新模式。此后，中心不断总结经验，主持起草相应支撑政策，相继启动武昌滨江商务区、中法半岛小镇等市级重点功能区实施性规划的编制工作，进一步发展出"五新"方式。

近年来，武汉逐步为每个城市片区制定了清晰且可持续的发展路线，让其拥有相应的功能属性，有助于城市规划实现精准传导。按照"目标—职能—空间"传导路径，构建全域覆盖的国土空间功能区布局。通过组织编制实施性规划，加快推进功能区成片开发、集中建设。

1.1 创新"六统一"模式，践行一张蓝图绘到底

规划的生命力在于实施。2007年，基于"与国土行政管理合一"，武汉市国土和规划主管部门提出"两段五层次"国土规划合一的规划编制体系，形成了"法定规划+实施规划"双轨并行的体系。

2010年以来，为理顺规划实施过程中市、区两级政府的关系，通过对近期建设规划、年度实施计划等的检视和评估，武汉市国土和规划主管部门进一步提出构建市、区两级政府规划实施的共同平台，引领城市建设与发展。在这个基础上，结合武汉建设国家中心城市的战略需要，规划工作的重点转入到如何通过打造集中建设的空间载体，体现武汉国家中心城市的职能担当，展示国际化、现代化的城市形象。

对此，中心积极响应市国土和规划主管部门号召，以汉口滨江国际商务区二七核心区为试点，创新性地提出贴合武汉实际的"六统一"工作模式，让规划引领功能区建设与发展。

"六统一"工作模式是指"统一规划、统一设计、统一储备、统一建设、统一招商、统一运营"，即按照全周期管理的理念，最大可能地保障了规划蓝图不走样。

在统一规划方面，在武汉市国土和规划主管部门、江岸区人民政府的共同组织下，以中心为规划统筹平台，联合覆盖多专业、多专项的知名机构组建规划团队，编制高水平城市设计方案，明确规划管控要求，实现功能产业、空间布局、交通组织、人文景观、地下空间与市政管网等管控要素高效融合。在规划编制过程中，率先搭建地上、地下三维数字管控系统，实现各专业自主校核。

在统一设计方面，中心联合多家工程设计机构，组建"1+2+N"模式的综合设计联盟。其中，"1+2"为组长单位，由1正2副共3家常设单位组成，全面统筹完成交通、市政、地下空间等公共投资项目综合工程设计，逐一落实规划管控要求；同时，积极运用CIM技术建立设计总控系统，协调众多建设主体的工作界面，保证工程合理性与建设实施性。中心作为副组长单位，主要承担规划传导、协调与督促落实等工作，切实保障"一张蓝图绘到底"。

在统一储备方面，以规划为引领，积极配合武汉市土地整理储备中心科学合理地制定土地储备与供应计划；以民生为基础，积极配合江岸区人民政府全域、多渠道筛选居民还建点。在此基础上，进一步联合武汉市土地整理储备中心、江岸区城乡统筹发展工作办公室形成工作合力，将商务区内旧城、旧村、旧厂等各类土地进行全面整合，集中连片，分期推进土地储备工作。

在统一建设方面，采用"整体开挖、同步实施"的施工总承包方式，推进建设快速展开。中心在城市设计深化工作完成后，开展了修建性详细规划的编制，通过一体化设计，为地下空间整体利用、道路市政设施同步实施提供了坚实的技术支撑。同时，配合商务区积极引入PPP建设模式全面开工建设，实现社会资本和施工总承包一体化，节省建设投资、缩短建设工期。

在统一招商方面，采取"合作招商、以商招商"的精准招商模式落实主体功能。在招商工作中，中心积极配合武汉市国土和规划主管部门、江岸区人民政府搭建市区联合招商平台，并提供全过程技术支撑服务。在规划编制阶段，积极联系武汉市土地整理储备中心、江岸区招商局等部门提前开展项目预招商活动，对接市场需求；在规划实施阶段，结合主体功能合理包装项目库，指导土地有序供应。同时，充分发挥政府与市场的黏合剂作用，吸引具有影响力的优质企业，以商招商。

在统一运营方面，充分利用数字仿真重点实验室的先进技术，建设云计算系统、智慧交通系统、能源管理系统和污水处理系统等，探索搭建数字管理、动态更新的数字孪生智慧平台，在商务区建成后，对区域内的资讯管理、数据交换、交通出行、物业管理、节能减排进行统一高效的数字化管理，实现高效运营管理。

"六统一"模式下的汉口滨江国际商务区二七核心区，不仅大幅提升了城市土地价值，而且在城市功能和品质等方面达到了国内一流水平。

中心积极总结汉口滨江国际商务区二七核心区规划编制的经验，完成了全市重点功能区实施性规划工作指引。在此基础上，武汉市国土和规划主管部门进一步编制了《武汉市建设国家中心城市重点功能体系规划》，构建出"重点功能区—次级功能区—提升改造区"三级功能区规划实施体系，全面统筹市、区两级政府以及市场的发展意愿，高度整合城市发展资源。

2014年初，中心配合武汉市人民政府起草了关于加快推进重点功能区建设的意见。提出在功能区领导体制上通过建立建设指挥部、领导小组等方式，全面负责各项具体建设工作。该意见经武汉市人民政府公开发布，为重点功能区规划与实施提供切实政策保障。

1.2 深化"五新"工作方法，丰富全周期管理内容

2015～2019年，中心相继启动武昌滨江商务区、中法半岛小镇等市级重点功能区实施性规划的编制工作，深化发展出"五新"方法、总设计师制度等实践经验，进一步丰富规划全周期管理的工作内容，切实保障规划精准传导落地。

"五新"方法是在"六统一"模式基础上，以中法武汉生态示范城内的标杆示范项目——武汉·中法半岛小镇为试点，通过探索采取新机制、新理念、新标准、新模式、新项目的方法，高标准地开展规划建设实施。

一是采取"市区联动、中法联合、全程服务"的新机制。在市区联动的基础上，武汉市国土和规划主管部门、蔡甸区人民政府、中法武汉生态示范城管理委员会共同成立中法半岛小镇项目秘书处，建立招商、规划、实施三大平台。积极邀请法国驻汉总领事馆、法国设计机构、中法优秀企业以及中法两国政府相关部门共同参与项目推进。中心作为规划编制技术平台全程参与、全程服务。

二是采取"最小动静、最低成本、最高标准"的新理念。规划编制中充分尊重自然生态本底，结合现状自然资源特征，打造中欧商贸、公共服务、文体旅游、生态体验等主导功能板块，以及滨湖生态岸线和零碳慢行示范区，充分展现中法两国生态文明和可持续发展理念。

三是建立"中法认证、生态示范、智慧应用"的新标准。对标中国绿色生态城区、法国HQE绿色建筑评价体系等中外技术标准，中心组织中法技术团队，联合编制生态智慧建设标准，推动生态环境保护、绿色交通市政、智慧城市建设等多维度、新技术应用及示范推广。

四是建立"汲智汲力、共谋共建"的新模式。中心代表武汉市国土和规划主管部门邀请中法优秀企业组织规划研讨沙龙，汲取中法两国经验智慧，开门规划，共同探索规划编制及技术创新路径。同时，联络法国驻华使领馆、市区招商部门搭建中法招商联盟平台，开展经贸洽谈、考察签约、"云招商"等活动，促进经贸合作与技术交流。

五是打造"生态低碳、国际服务、宜居生活"的新项目。聚焦产业导入，通过系列举措，保障国际交往、绿色低碳、生态修复等20余个重点项目落地。

在"六统一"模式、"五新"方法等经验的基础上，中心按照全周期管理的理念，总结出功能区实施性规划分三个阶段推进的规划编制方法。

第一阶段，强强联合编制高水平规划。在"市区联合"的机制下，采取"本土+国际"的方式组建设计团队，搭建规划平台，立足国土空间总体规划、功能区规划和控制性详细规划开展规划框架研究，编制高水平概念城市设计，明确项目功能定位、产业布局、交通框架、城市形象和相关管控要求。

第二阶段，多方参与导入主体功能。吸引有产业优势和开发实力的市场主体参与城市设计深化工作，以导入产业为目标，谋划重点项目，推动城市功能转型升级。

第三阶段，法定蓝图支撑项目落地。规划平台全程参与，积极整合并完善城市设计成果，按程序报审，将审定的城市设计相关管控要素纳入法定规划。同时，根据建设时序明确规划条件和产业要求，配合开展招商和土地供应工作。

为进一步完善了重点功能区规划实施机制，全面提升武汉市重点功能区规划、设计、建设和管理的水准，保障重点功能区科学、有序地实施建设，推动武汉城市能级和品质大幅提升，中心在前期摸索总结的基础上，完成了《武汉市重点功能区总设计师制度试行办法》的研究和制定工作。目前，该办法经武汉市自然资源和城乡建设主管部门向全市发布，并在两江四岸地区率先试行。

根据该办法，总设计师是为实现重点功能区高水平设计、高水平建设、高质量发展和精细化管理而被选聘的领衔设计师及其技术团队。团队成员根据其所服务的重点功能区发展需求，由规划、建筑、景观、生态、交通、市政等机构或专业技术人员组成，其技术水平应为行业领先，并具有良好诚信记录。总设计师按照共同缔造的工作理念，全过程参与重点功能区的设计招标、产业策划、城市设计、详细规划、专项设计、项目招商、建筑设计、施工统筹和运营管理等工作，向规划、建设、招商、运营等管理部门和业主单位提供技术协调、专业咨询、技术审查等服务。

1.3 落实总体规划目标传导，构建全域国土空间功能区布局

随着国土空间规划编制工作的全面推进，为加强从总体规划到详细规划的功能引导，中心在充分总结重点功能区规划和实施成功经验的基础上，落实规划传导实施的目标，编制了市级国土空间功能区规划，构建了全域覆盖的功能区布局，明确了每个功能区片的名称、类型、对应目标职能、主导功能和级别，并细化提出了功能单元的类别、主导产业方向以及重点项目，充分发挥了功能区体系在国土空间总体规划和详细规划中的"桥梁"作用。

"功能区片"根据主导功能等进行细分，共有20类。其中，城镇空间功能区片共有15类，包括金融商务、商贸会展、综合服务、先进制造、产业创新、大学城科教、保税物流、综合交通枢纽、国际产业合作、国际文化会展及赛事活动等；农业农村空间功能区片共有2类，包括现代农业生产区片和田园综合型区片；生态空间功能区片共有2类，包括保育型生态区片和自然观光型生态区片。功能区规划通过承上启下的功能传导，将功能细化分解落实到空间布局。

"功能单元"是在功能分区和功能区片基础上，根据产业功能和用途进行细分，共有31类。其中，城镇功能单元共25类，包括商务、行政办公、文教科研、医疗服务、体育运动、主题游乐、公园休闲、居住生活等；农业农村空间功能单元共有3类，包括农业产业型功能单元、综合发展型功能单元和生态农业型功能单元；生态空间功能单元共有3类，包括郊野公园型功能单元、生态保育型功能单元和农业生态型功能单元。功能单元作为规划编制、实施、评估的基本管理单元和服务招商引资的实施单元。

对应城镇、农业农村、生态三大空间，按照先区片后单元的步骤进行布局。在城镇空间内，围绕城市总体发展目标，落实城镇开发边界和组团发展、多心驱动的空间格局，优先落实城市核心功能，结合控规边界、城市更新单元、交通单元边界进行布局；在农业农村空间内，围绕建设优质高效农业农村空间的保护开发目标，落实耕地和永久基本农田保护红线，对接都市农业产业布局，衔接行政村边界进行布局；在生态空间内，围绕建设独具魅力的世界滨水文化名城的目标，落实生态保护红线和"两轴两环，六楔多廊"的生态保护，衔接生态资源要素管理范围进行布局。

按照承载城市职能的不同，城镇空间功能区又可分为重点区片和一般区片：重点区片对应城市核心目标，承担市级及以上核心职能，按照"六统一"工作模式和成片开发的原则，以功能定业态，形成产城融合的功能单元；一般区片对应城市对内综合服务目标，承担区级服务职能，围绕15分钟社区生活圈建设，形成医养结合、国际社区等生活功能单元。

长久以来，规划和实施似乎是一个问题的两端，从规划到实施不仅周期长，实施过程中还会不断出现新的变化，这些如何应对？为避免规划只是墙上挂挂，让规划能真正"一张蓝图干到底"，不断引发规划师们的思考和探索，中心的创新做法打破了规划与实施两者间的界限，让规划更具生命力。

从工作成效来看，以中心为统筹平台，按照全周期全要素理念，探索出的"六统一"模式、"五新"方法等创新机制，凝聚多方力量、集中优势资源，全面统筹规划和建设工作，保障主体功能逐一落实、建设品质高度统一、规划蓝图全面实施，实现了区域城市能级和品质"双提升"。该经验已在武汉市全面推广，华中金融城、东湖新城、三阳设计之都等主城区重点功能区，以及金银湖"大湖+"、吴家山新城中心、柏林地铁小镇等新城区重点功能区均得到顺利推进。

目前，中心总结出版《武汉重点功能区规划探索》《武汉重点功能区规划实践》《武汉重点功能区创新实践》等著作，全面、系统地总结了武汉市重点功能区实施性规划的探索与创新，并多次受邀在规划行业全国性会议和论坛上宣讲武汉市重点功能区模式，探索创新的成功经验多次与国内同行分享、交流和学习。

2 代表项目

▌汉口滨江国际商务区二七核心区实施性规划

编制完成时间： 2014 年
获 奖 情 况： 2015 年度全国优秀城乡规划设计奖城市规划类三等奖、规划信息类二等奖

项目背景

汉口滨江国际商务区位于武汉两江四岸地区汉口沿江一线。二七核心区是汉口滨江国际商务区主核，位于江岸区扶轮路与长沙路之间，曾为江岸车辆厂、武汉铁路局江岸车站、连城村等"三旧"用地和棚户区，总用地面积约83.6km²，是汉口临长江一线可供成片开发、整体打造的稀缺土地资源。2013年，中心开展了《汉口滨江国际商务区二七核心区实施性规划》编制工作。

汉口滨江国际商务区规划定位为聚集国际企业总部，提供高端商业和文化休闲功能，强调公交主导、适宜步行、低碳可持续的国际总部商务区。为实现规划编制、管理、实施的协同互动，在《汉口滨江国际商务区二七核心区实施性规划》编制中，创新建立了"市区联动、本地+国际"的编制方式，以中心为统筹单位，邀请美国SOM建筑设计事务所、世邦魏理仕集团公司（CBRE）、艾奕康设计集团、日本株式会社日建设计等国际知名设计团队，发挥各自优势，以当时最新的设计理念、全球视野编制了该核心区城市设计方案。

汉口滨江国际商务区二七核心区鸟瞰效果图

主要内容

为保障汉口滨江国际商务区成片开发的整体连贯性、可实施性以及后续运营的持续性，通过统一规划功能产业与空间布局一体化、地上地下一体化、交通市政一体化等方式，形成了"精细化、可持续、高颜值、能实施"的规划方案。

一是功能产业与空间布局一体化。该规划落实商务总部、金融保险、高端商业等主导功能，并将之分解为具有关联和促进效应的产业体系，在空间平面及立体布局中予以落位，围绕高识别性的中央公园和立体Y形"树桥"进行组织，保障规划经济可行和项目落地。

二是地上地下一体化。该规划在"步行友好"的理念下，模糊室内外的界限，创造人与人、人与自然的直接对话，围绕零售商业、商务交往需求，通过轨道站点、商业网络、地面慢行体系、立体"树桥"景观连廊，将地上、地面、地下各层平面空间连接起来，打造充满惊喜和体验感的高品质空间。

三是交通市政一体化。该规划以安全、韧性、智慧为目标，通过公交优先，降低对私人小汽车的依赖度；通过慢行优先，将地面路权还给公众；通过地下环路，高效组织停车和货运体系；通过CCBOX共同沟、江水源热泵、海绵城市等先进技术或手段，构建安全韧性保障。

汉口滨江国际商务区二七核心区规划总平面图

汉口滨江国际商务区二七核心区沿江效果图-武昌滨江视点

汉口滨江国际商务区实景图

汉口滨江国际商务区二七核心区中央公园效果图

实施成效

2014年，该规划获得武汉市人民政府批复，高水平的统一规划为统筹汉口滨江国际商务区的后续实施打下了坚实的基础。2017年，汉口滨江国际商务区二七核心区进入建设阶段，在武汉市国土和规划主管部门的带领下，集中优势资源、凝聚多方力量，全面统筹了商务区的高效实施。截至2022年，已成功引入周大福、国华、泰康、中信泰富等20多家包含世界500强的企业区域总部，保障了商务区主体功能逐一落实、建设品质高度统一、规划蓝图全面实施，大力推进了武汉城市功能和品质"双提升"。

汉口滨江国际商务区二十核心区沿江效果图（长江二桥视点）

▌武汉·中法半岛小镇实施性规划

编制完成时间： 2022 年
获 奖 情 况： 2022 年度自然资源部国土空间规划实践优秀案例

项目背景

中法半岛小镇位于中法武汉生态示范城的东南部，紧邻后官湖，总面积约8.2km²，其中核心区约2.2km²。中法半岛小镇整体区位条件优越，生态环境优美，具有三面临湖、湖塘交织、龟背延伸的滨湖半岛地貌特征。2020年，中心开展了《武汉·中法半岛小镇实施性规划》编制工作。

主要内容

中法半岛小镇规划定位为中法生态智慧示范与国际合作标杆，遵循"国际公共服务聚集、生态低碳示范、宜居品质提升"的原则予以集中打造。

按照"最小动静"的规划理念开展方案设计。规划方案充分尊重区域滨湖坑塘众多的地貌特征，通过24小时暴雨排蓄模拟，避让有蓄水功能的坑塘水面，划定安全紧凑的建设用地范围，构建以"生态涵养、雨洪调蓄"为主要功能的三类生态廊道，形成"两轴、一带、一网、四组团"的鱼骨形滨湖半岛空间结构，打造贯穿南北、

直达汉阳站的"丁"字形国际公共交往轴，串联高密度慢行公共路网的零碳慢行示范区以及4.5km的滨湖生态岸线。

按照"最低成本"的规划模式进行功能管控及招商活动。通过划定商业商务区、居住生活区、生态旅游区这3个功能单元，明确各单元功能指引、主导用途及控制指标，进行功能单元用途管制。采取"留白用地""项目准入"等形式，为项目招商、产业落位、人口导入预留弹性，在公众利益与市场需求之间取得平衡，提高规划管控与招商项目适应性。

按照"最高标准"的建设目标搭建指标体系及管控平台。通过对接我国《绿色生态城区评价标准》和法国HQE生态街区认证标准，构建涵盖环境保护、绿色交通、绿色市政、绿色建筑、智慧城市等12个维度共计50余项指标的中法半岛小镇生态智慧建设标准体系，并建立审批服务与数据监管系统，按照"图形管控+指标管控"相结合的方式辅助方案审查，开展规划总平面设计方案与三维城市设计方案的智能化对照与评估。

实施成效

规划范围内控规变更方案已获武汉市人民政府批复。在规划的指导下，小镇已实施近40km道路、约86hm² 生态绿化，土地出让及划拨总用地面积近3000亩（200hm²）。规划范围内落地项目总数达到25项，包括武汉城建·半岛水世界、金地国际城、文化体育活动中心、滨湖生态涵养带等项目。

中法半岛小镇核心区鸟瞰效果图

新天大道

生态城大道

云雀路

四环线

后官湖

0   100

中法半岛小镇核心区规划总平面图

中法半岛小镇核心区国际公共交往轴效果图

中法半岛小镇滨湖生态涵养带景观节点实景图

东西湖区金银湖"大湖+"实施性规划

编制完成时间： 2020 年

获 奖 情 况： 2023 年国际城市与区域规划师学会（ISOCARP）规划卓越大奖

项目背景

金银湖位于武汉市东西湖区，水域面积达8.2km²，是武汉西部近郊最大的城中湖，整体呈现"半水城厢，半水绿"的城湖交融形象，2007年入选国家城市湿地公园。2019年，为探索城中湖地区的可持续发展新模式，合理引导环湖区域"城湖人景"高质量共生，中心以金银湖及环湖区域共约35km²范围为研究对象，开展了《东西湖区金银湖"大湖+"实施性规划》编制工作。

主要内容

该规划坚持生态为基、以人为本，引导金银湖及环湖区域生态空间保护和修复，促进环湖区域城市空间低碳可持续发展，建立万物共栖息、人与自然和谐共生的城湖生境，打造生态之湖、韧性之湖、活力之湖。

一是湖与生物共栖，全要素保护"大湖生境"。该规划分级管控蓝绿灰线，针对严格保护的湖泊空间、刚性管控的绿色空间、刚弹结合的活力空间，明确功能准入及生态保护要求；锁定8条生态廊道，提出水网连通、生物栖息地保护、生态景观塑造等规划策略，打通沿湖栖息廊道；统筹城湖林田生物等全要素，提出湖泊水治理、坑塘改造、农业面源污染治理等规划措施，划分岸线功能分区，提出岸线生态化改造要求，重塑城湖水陆生态。

金银湖"大湖+生态"规划示意图

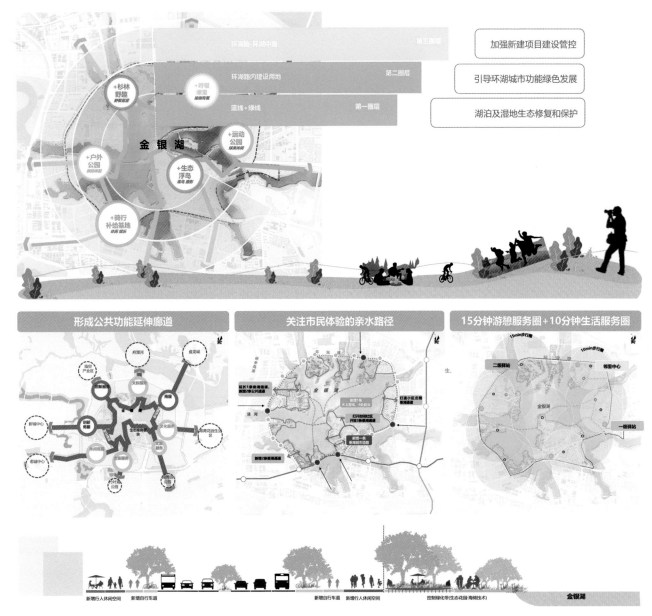

金银湖区域"大湖+功能""大湖+服务"规划示意图

二是湖与城市相融，全方位推进"大湖韧性"。该规划基于生态敏感性划分湖泊保护区、严格管控区、重点管控区、建设引导区这四大管控区，提出规划管控措施，控制周边城市建设强度、高度及活动类型；控制生态廊道与视线通廊内外城市建设高度与密度，形成城市风道与湖区相通；构建"3层6类12项"绿色市政设施体系，结合湖泊水位划定海绵优先区，引导环湖区域建设地带地下空间安全设计，让区域有弹性会"呼吸"。

三是湖与居民共生，轻介入实现"大湖活力"。该规划圈层优化金银湖功能，按照湖区、滨湖一线、生态廊道周边等生境特征，分别植入湿地生态、文化科普、文旅创新等公共功能；分类引导亲水公共场所，规划提出打造8个湖湾公园，改造10余处社区小微公共空间，打通近10条垂湖慢行步道，完善42km环湖绿道；提升服务配套，新增绿道驿站、邻里中心、公共停车场等设施，构建环湖15分钟游憩圈及10分钟生活圈，提高金银湖环湖区域生活品质。

金银湖湿地公园实景图

实施成效

　　2020年，规划成果经武汉市东西湖区自然资源和城乡建设主管部门批准，有效指导了金银湖及环湖区域的生态保护修复与城湖发展，并为武汉近郊城中湖地区的可持续发展树立了新范式。经过近年来的治理与提升，金银湖已成为武汉标志性湿地公园之一。

▋武昌滨江商务核心区实施性规划

编制完成时间： 2018 年

获 奖 情 况： 2019 年度湖北省优秀城乡规划设计奖三等奖

项目背景

武昌滨江商务核心区位于武昌区长江二桥以南，为和平大道、徐东大街、武车二路、武昌滨江所围合区域，用地面积约138.6hm²，是武汉市七大重点功能区之一，也是武昌区"三区融合，两翼展飞"发展战略的核心引擎。2014年，为进一步明晰商务核心区功能定位、锁定空间形象、实现地上与地下一体化发展蓝图，中心承担了《武昌滨江商务核心区实施性规划》的编制工作。

主要内容

武昌滨江商务核心区规划定位为以总部经济为龙头，高端商务为主导，代表武汉总部经济聚集最高水平的区域性总部商务首善区。规划立足国际视野，联合法国夏邦杰设计事务所、德国欧博迈亚工程咨询公司、上海市政工程设计研究总院等国内外设计机构，探索多专业、多主体协同设计的工作实践样本，精细化勾勒形成商务核心区规划蓝图。

在方案设计上，规划围绕两条重要轴线搭建商务核心区空间骨架，形成约20hm²公园、广场与步廊；打造垂江、顺江绿色网络，以开放空间体系最大限度地建立区域联系，并以总长约3.4km的"城市传导立体步廊"无缝衔接整个区域。强化城市天际线塑造，顺江方向在大区域内形成W形天际轮廓线，体现天际线的跌宕起伏、错落有致；垂江方向形成3个高度层次，保证天际线的纵深感和层次感。规划还提出将月亮湾城市阳台打造成集生态景观、文化地标、市政设施于一体的武汉新文化地标。

在交通组织上，地面部分践行"小街区、密路网"理念，将路网密度由5.1km/km²调增至8.5km/km²，形成三级道路衔接、三线轨道交织、立体步行覆盖的多元道路交通体系；地下部分以一套宽10m、主线约2.57km、埋深位于地下13.5m的地下环路系统统领商务核心区地下空间开发，形成"一个大环+两个小环+六个出口"的空间布局，以期提高区域交通通行效率，减少地面交通压力。

在文化延续上，通过充分挖掘工业文脉资源，将现状铁路改造形成颇具人文特色的文化纽带，将现状小肌理街区打造成"城市村落"，塑造一个与商务区完全不同尺度、延续原有城市肌理特征与形态的文化"世外桃源"。规划通过文化纽带和"城

武昌滨江商务核心区规划总平面图

市传导立体步廊"将滨江文化地标、工业博物馆、"城市村落"、保留工业遗产、文化创意工坊等文化节点串联起来，打造活跃而富于底蕴的文化空间体系。

实施成效

2019年，实施性规划成果转化为控规导则并纳入武汉市规划管理"一张图"。目前该区域已全面步入规划实施，核心区A包、B包、D2地块（龙湖天街）、E2地块（劲酒总部）、E1/F3地块（沿江高铁）共17个地块已完成挂牌出让，核心区地下环路已于2020年启动实施并拟于2024年底竣工通车，月亮湾文化新地标拟启动规划建设。

武昌滨江商务核心区节点效果图

武昌滨江商务核心区"城市传导立体步廊"效果图

武昌滨江商务核心区规划天际线效果图

武昌滨江商务核心区鸟瞰效果图

蔡甸区柏林地铁小镇实施性规划

编制完成时间： 2019 年
获 奖 情 况： 2019 年度湖北省优秀城市规划设计奖三等奖

项目背景

柏林地铁小镇位于蔡甸区城关西部，紧邻地铁4号线终点站柏林站，曾为上独山采石场和部分村湾，用地总面积约2km²，2014年被武汉市人民政府确定为新城区6个地铁小镇之一。2017年，武汉市第十三次党代会将"加快建设世界级地铁城市"写入报告，地铁小镇建设成为实现"世界级地铁城市"的重要一环。2018年，武汉地铁集团委托中心开展了地铁小镇建设模式研究和《蔡甸区柏林地铁小镇实施性规划》编制工作。

主要内容

规划依托区域丰富的农业、旅游、文化体育资源以及食品产业优势，按照功能互补、产业联动、错位发展的原则，将柏林地铁小镇打造成为一座集健康食品、健康生活、健康文化于一体的"健康小镇"，一个体验营养健康、适宜颐养休闲和田园旅游的微度假胜地。

一是推行"积极探索、先试先行"的工作模式。规划研究提出地铁小镇应突出轨道引领和产业驱动的作用，以实现"三生融合"（生产、生活以及生态相融合）为目标，采取"圈层式"布局，集聚主导产业；提供"一站式"服务，满足配套需求；构建"多模式"交通，实现"零换乘"出行；营造"小精灵"空间，彰显小镇特色。柏林地铁小镇先试先行，为全面启动地铁小镇的规划建设提供了技术指引和实践经验。

二是坚持"尊重自然、彰显特色"的生态策略。规划保留朝阳渠自然水系，结合上独山现有地貌，修复建设生态公园，延续蔡甸独有的门户记忆；建设花园步道，串联生态公园、地铁站点及公共设施等，打造贯穿小镇的生态绿廊，彰显地域风貌特色。

三是打造"公交优先、适宜步行"的交通体系。规划优化"三纵三横"交通骨架，提升地铁辐射能级；围绕地铁站点设置"小街区、密路网"，通过步行连廊实现无缝换乘；搭建联系蔡甸新城和周边重要文化旅游资源的公交环线，助力小镇建成武汉西部的旅游集散地。

四是践行"产业驱动，精准招商"的实施模式。蔡甸区人民政府、武汉地铁集团、武汉市国土与规划主管部门三方联动，立足小镇发展目标，精准引入市场主体，围绕地铁站点建设食品商贸、营养创新、文化休闲等特色综合体，为构建营养健康产业体系奠定坚实基础。

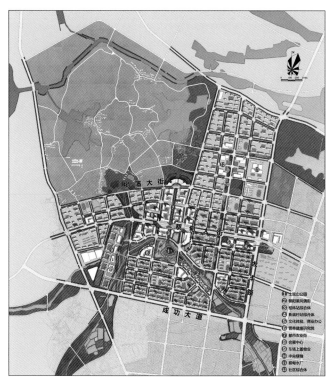

柏林地铁小镇规划总平面图

柏林地铁小镇生态绿廊节点效果图

柏林地铁小镇鸟瞰效果图

实施成效

2019年，该规划获得武汉市人民政府批复。截至2022年，柏林地铁小镇已完成一、二、三期土地供应，成功引入3家世界500强企业、全国性食品健康研发机构和科技企业区域总部，以及1家国家级食品质检中心入驻，为小镇奠定了产业基础，为武汉全面启动地铁小镇规划建设积累了宝贵经验。

吴家山新城中心实施性城市设计

编制完成时间： 2020 年

项目背景

吴家山新城中心位于东西湖区中部、轨道1号线与6号线交会处，总用地面积约7.3km²，生态环境优越。2019年，为传导上位规划、落实机场净空管制等要求，积极推进"武汉市提升城市建设管理精细化水平三年行动方案"全面落实，中心在征集方案的基础上开展了《吴家山新城中心实施性城市设计》等工作。

主要内容

规划坚持"安全韧性、绿色共享、高质量发展"的建设理念，按照全方位协同、精细化管控等工作方式，引导吴家山新城中心打造成为融商务商业、总部科研、文教卫体、居住生活等功能于一体的临空经济的商务总部、西部新城的创智天地、东西湖区的活力中心。

一是聚焦生态与城市的融合发展。尊重基地河湖、水塘、农渠密布的水乡特点，构建"三纵四横"生态框架，连接径河湿地、码头潭文化遗址公园、吴家山、黄狮海等山林水系，柔化城市与自然边界。结合机场净空管控要求，践行降建筑高度、降用地强度的"双降"政策，加强"蓝绿灰"一体化海绵城市建设，打造安全韧性城市标杆。

吴家山新城中心规划总平面图

吴家山新城中心轨道节点效果图

吴家山新城中心七彩公园效果图

二是支持产业与生活的互促互进。充分利用"三线五站"的轨道线网结构，构建生活服务、临空总部、创智天地和公共服务四大职能板块相互交融的功能集聚区，以科创产业和公共服务为纽带，强化临空港大道城市拓展轴线，推进新城中心与国家网络安全基地、吴家山老城等板块联动发展，打造高质多元、服务完善的地铁新城。

三是探索规划与管理的创新模式。控规导则以精细化设计为基底，以用地规划图则、城市设计图则"双图则"为支撑，对用地性质、街道界面、开敞空间、建筑高度、地下空间和色彩风貌等进行引导和管控；合理设置留白用地，结合功能产业的正负面清单，预留发展弹性；通过"汉地云"平台提供精准招商服务，确保规划与实施的科学性和一致性；结合中心自研的二三维一体化平台，以"编管审"一体化为目标，积极探索智能化审批服务。

实施成效

2021年，该规划经武汉市人民政府批复，"双图则"的管控方式成功引导吴家山新城中心率先实现"双降"目标。现已建成五环体育中心、东西湖区文化中心、协和东西湖医院、华中师范大学临空港实验学校等公共设施，以及马投潭文化遗址公园、樱花溪公园等环境工程，迪马数字天地、网安科创中心、临空港创新中心等重大产业项目也已成功落地，吴家山新城中心基本成形成势。

吴家山新城中心实景（图书馆）

吴家山新城中心实景（文化中心）

大白沙片实施性规划

编制完成时间： 2021 年

项目背景

大白沙片位于武汉市主城南部，横跨武昌区与洪山区，由二环线、白沙洲大道、三环线及长江围合而成，规划总用地面积约11.5km²。片区是长江右岸武汉市仅存的具有集中存量开发用地的区域之一，交通区位突出，毗邻洪山区武汉大学之城，智力资源环绕，拥有6km滨江岸线和集中的工业遗存。2020年，为进一步落实"长江大保护"战略，明确片区发展方向，中心开展了《大白沙片实施性规划》的编制工作。

主要内容

规划立足白沙区位优势、创智优势、生态优势和文化优势，打造以智慧创新为核心，以生态文化为重点，以人才集聚为突破的人、产、城、绿融合发展的科创经济门户。

一是构建"两环三廊"的生态发展框架。重塑废弃货运轨道构建10km铁路文化活力内环，依托片区临江、临河的连续景观轴带构建23km生态外环，结合巡司河公园等开放空间打通3条垂江绿廊，强化内外联系。

二是形成"一核三心"的产业布局结构。落实科技创新中心关于"传统企业转型升级、科技企业精准招引"的要求，基于TOD理念，结合片区中部存量土地资源优势，布局以人工智能、5G、大健康为主的科创产业核心。北部依托武泰闸体育馆，联动武船片，承接武昌古城文创产业，构建武泰闸创意中心；南部服务片区居民，承接南湖副中心创

大白沙片空间发展结构图

大白沙片规划总平面图

大白沙片鸟瞰效果图

新研发等产业外溢，打造张家湾、毛坦创新中心。

三是布局高质量、全覆盖的服务设施。针对片区配套设施不足的问题划定6个15分钟生活圈，补齐配套短板。考虑片区对外交通畅达而内部道路建设滞后的难点建立"轨道为主、车行畅达、慢行友好"的交通体系，加密内部路网。

四是对接市场要求划分规划实施单元。划定5个开发实施单元，明确单元内地标建筑位置、服务配套规模等刚性管控要求，按照"成熟一片，法定化一片"的原则推进方案落地。

实施成效

在规划指导下，右岸大道等多条道路启动实施，相关招商工作正同步开展。同时，武昌大白沙片已纳入武汉市城市更新单元，片区品质和功能提升进入快车道。

华中金融城实施性规划

编制完成时间： 2022 年

项目背景

华中金融城位于武汉市一环线内，是由中北路、中南路、中山路、公正路和中南一路围合区域，规划总用地面积约305hm²。片区拥山临湖，内部小龟山路东西联络市级重点公共空间，废弃的武九铁路南北串接武汉市长江以南区域，生态人文资源极优。片区是武汉市金融商务区之一，也是武昌区"三区融合，两翼展飞"发展战略的核心引擎。2013年，中心与美国SOM建筑设计事务所联合开展了华中金融城概念城市设计方案编制，初步明确了空间发展框架。2021年，为进一步细化空间发展框架，加快推进片区落地实施，中心承担了《华中金融城实施性规划》编制工作。

主要内容

规划坚持"留改拆建控"并举的城市更新思路，结合"中碳登"（中国碳排放注册登记结算有限责任公司）落户中北路金融主轴的发展机遇，将其打造为国家级碳金融中心、多元复合城市活力中心、自然与城市景观交融的都市绿心。

一是强化城市级"十字轴线"。聚焦城市形象，依托轨道交通站点和存量空间于小龟山路两端布局超高层塔楼，塑造小龟山路双门户；慢行化、景观化改造小龟山路，打造北联武昌江滩、南联洪山广场的城市历史轴线。步行化改造废弃武九铁路，沿线布局特色商业、社区文化馆等服务功能，构建北联武昌滨江、南通蛇山的生态文化长廊轴线。

二是塑造三条功能轴带。新建建筑裙房采用"小退界"方式延续民主路宜人空间尺度，基于民主路浓郁生活氛围，集聚生活型功能设施，构建生活轴带；依托"中南设计之都"，在中南二路沿线存量空间引入创智园区，植入新金融、文创产业，打造创智轴带；取消体育馆路路侧停车，增设慢行道，形成适宜步行的市民轴带。

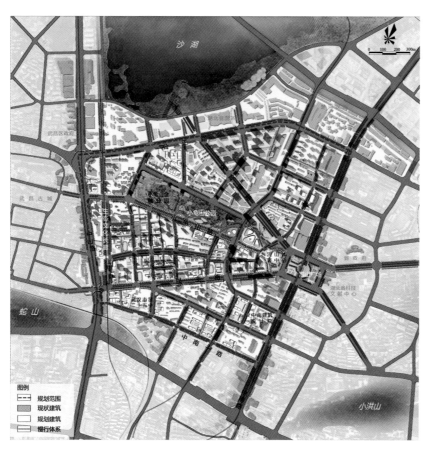

华中金融城规划总平面图

　　三是建立一个都市绿心。拆除部分占用山体建筑，以恢复小龟山公园生态功能，增加6处出入口以打开山体封闭界面，联络沙湖公园和生态文化长廊等开放空间，构建南北渗透的绿心；围绕小龟山公园布局传统金融、碳金融等核心金融产业，以生态带动产业，形成自然与城市景观交融的都市绿心。

实施成效

　　在规划指导下，多处用地已核发规划设计条件。同时，华中金融城已纳入武汉市首批城市更新单元，片区品质和功能提升进入快车道。

华中金融城鸟瞰效果图

第六章

国土空间规划

助力构建国土空间开发保护新格局

1　综述

《中共中央 国务院关于建立国土空间规划体系并监督实施的若干意见》（中发〔2019〕18号）提出构建"五级三类"国土空间规划体系。武汉市积极贯彻落实国土空间规划改革要求，建立了市、区、乡三级，总、专、详三类"多规合一"的国土空间规划编制体系。中心按照服务空间治理、面向规划实施的工作原则，聚焦"人、功能、空间"三大要素，承担了市级国土空间总体规划的相关专项研究、区域层面相关专项规划和若干重点区域详细规划等系列规划编制工作。为促进总体规划有效实施，首次探索了国土空间功能区体系及传导机制研究；为实现城市高质量发展，突出以人为本、节约集约、产城融合，研究了儿童友好、"双评价"、住区与建筑量、产业空间等系列市级总体规划专项；为实现区域一体化发展，从都市圈视角研究了地铁城市、主体功能区和生态等功能空间协同重大专项；为实现全域全要素管控，在城镇空间重点功能区规划基础上，对外围农业农村空间和生态空间的田园功能单元规划及村庄规划也有了一定的研究和规划实践。这些工作的开展，助力中心更好地参与《武汉市国土空间总体规划（2021—2035年）》的编制，相关技术成果也成为总体规划的重要支撑。在此工作中，中心也实现了规划视角从城市拓展到区域，从城镇内部拓展到外围乡村，规划思路从单一重视技术创新向编制体系和编管模式革新转变。

1.1 突出"空间治理"，创新国土空间功能传导机制

先赋予某个区域明确的定位，再进行规划和建设，这种工作模式在武汉已经经受过实践检验。结合长期以来积累的实施性规划实践，中心一直在规划实施中不断思考如何将总体规划的目标要求有效传导到实施性规划中，以避免城市部分区域出现有功能区无功能、主导功能不突出、规划目标与实施脱节等问题。在参与市级国土空间总体规划编制过程中，中心承担了《武汉市国土空间功能区体系和用途管制规划》，作为本次市级总体规划的亮点，中心首次创新性地提出在武汉市目标管控型规划和建设实施型规划之间，基于功能区体系优化出一套

"单元—用途—审批"的功能传导机制。

构建"单元传导"为主线的功能区体系。形成"功能分区—功能区片—功能单元"三级传导体系,以功能区体系衔接各层级国土空间规划,可有效传导总体规划目标定位、深化空间布局。其中,"功能分区"对应市级总体规划,落实总体规划目标,对整体空间格局进行结构性传导;"功能区片"对应区级总体规划,通过承上启下的功能传导,将功能细化分解落实到空间布局;"功能单元"对应乡(镇)级总体规划和详细规划,作为规划编制、实施、评估的基本管理单元和服务招商引资的实施单元。落实总体规划目标、结构、控制指标"三位一体"空间传导,形成"城乡一体、全域覆盖"的功能区布局。

突出"用途管制"为导向的管控要求。城镇空间以功能区片对接控规编制单元,在落实"五线"等刚性管控要求基础上,提出"主导功能+指标控制+正负面清单+重点项目"等管控要求;农业农村空间和生态空间以功能区片对接田园功能单元,管控要求上更强调粮食安全、生态安全等保护要求,作为村庄规划和生态准入的规划依据。

建立"编管用"一体的国土空间用途管制预警和项目审批服务系统。结合中心信息化技术平台,建立了功能区传导体系属性模块、功能区管控指标模块以及报建项目立体审批模块。通过具体建设项目指标自下而上对功能区的功能、人口、基础设施等管控指标预警,确保项目招商建设符合功能区管控要求。同时结合自上而下管控指标辅助查询、管控要点协同审查功能,有效提高项目审批效能和实施效率。

作为构建武汉市国土空间规划体系的重要课题,功能区成果已纳入《武汉市国土空间总体规划(2021—2035年)》,并有效指导区、乡(镇)级国土空间规划和详细规划编制。

1.2 重视"区域协同",助力武汉都市圈一体化发展

2021年湖北省委提出打造武汉都市圈升级版、推进"一主引领、两翼驱动、全域协同"的区域发展布局的重大决策,将促进武汉都市圈同城化发展作为一项重大空间发展战略。在区域协同背景下,中心前期独立承担了《鄂州市城乡总体规划(2017—2035年)》的编制,积累了一定的都市圈规划经验。同时,近年来武汉都市圈发展繁荣,要求以区域一体的姿态迎接经济全球化时代的区域分工与竞争,打造"轨道上的武汉都市圈"。中心紧抓"地铁城市"概念,从城市内部走向区域,积极引导区域轨道—空间协同发展及站城一体化建设,为推动区域空间格局更加优化、更加绿色低碳奠定了基础。

按照武汉都市圈空间规划的总体部署,首次以《武汉都市圈地铁城市发展实施规划》为引领,整合"武汉都市圈主体功能区体系研究"和"武汉都市圈生态专项研究",实现了规划视角从城市向区域转变,发展理念从"支撑空间拓展"向"引导空间格局优化,功能产业有序集聚"转变。以"全方位、多层次、全周期"为原则,构建轨道与区域生态、产业、空间契合的低碳可持续发展模式,贯穿一套"顶层设计—实施项目—政策机制"全链条都市圈国土空间专项规划模式,为我国都市圈绿色发展提供示范。

规划层面深化"产业—交通—空间"一体的空间规划模式。在落实都市圈生态共保格局下,深入研究产业功能与轨道交通以及空间的支撑与互动关系,突出"生态共保、产城融合、站城一体",结合产业生态圈、都

市圈地铁节点功能，形成兼具交通、产业于一体的核心功能组团，作为都市圈建设实施的基本单元。

实施层面突出"站城先导、生态共保、农业共建"的实施模式。以联动先导区、共建示范区为抓手，将站点周边开发、区域流域治理以及农业资源整理作为都市圈功能组团建设重点，推动城镇组团由产业功能不突出向站城复合利用、成片开发转变，站点周边各类设施空间相对独立发展向更加注重一体化融合发展转变，促进生产、生活、消费、交通在轨道站点的整合，实施高质量的站城融合建设。生态组团由系统性不强向生态共保转变，锚固城市圈一体化生态格局。农业组团由低效利用向合作共建转变。

机制层面探索"多主体参与、多计划整合、全链条管控"的综合开发实施路径。统筹土地、建设、运营、管理全链条，为共建区域联动实施提供保障。

专项规划核心结论纳入《武汉都市圈国土空间规划》及《武汉市国土空间总体规划（2021—2035年）》，进一步优化了都市圈国土空间格局，并为区域内各城市协同建设提供了技术支撑。

1.3 强化"多规合一"，多维支撑国土空间总体规划编制

为贯彻落实新时期国家、省、市发展重大战略和国土空间规划改革重大部署，武汉市人民政府在2018年完成的面向2035年的城市总体规划成果基础上，组织编制了《武汉市国土空间总体规划（2021—2035年）》。与以前的总体规划相比，此版国土空间总体规划突出"多规合一"内涵上的变化，将更多的规划统一在规划管理"一张图"上，真正实现"一本规划、一张蓝图"。中心在参与市级总体规划编制过程中，立足"规土融合平台"和"土地资产经营平台"优势，发挥专项支撑的作用，系统深化研究了"武汉儿童友好城市规划实践""武汉市建设用地节约集约利用评价""武汉市资源环境承载力与国土空间开发适宜性评价""武汉市产业发展空间布局规划""武汉市城市住区规划研究"和"武汉市建筑量研究"等"人、地、产、房"系列总体规划重大专项，从战略引领、空间格局和要素配置三个方面，不断求解如何从"多"到"一"，实现总体规划在突出规划公共政策与技术理性的"多规合一"。

在战略引领上，突出"多维度目标"的协调统一。提出通过"四评三查一图"（"三查"指国土调查、地质勘查和功能详查），实现人口、用地、建筑量等全域立体评估，找准问题风险。结合武汉儿童友好城市建设、社区治理、土地节约集约利用等提出"安全、韧性、宜居、健康"多维度目标，形成一套以安全为先、以人为本的指标体系。

在空间格局上，突出"多层次布局"的贯穿统一。从"区域—圈域—市域"各层次贯彻落实统筹发展和安全的要求。在区域层面，围绕"长江大保护"统筹粮食安全、生态安全、水安全；在圈域层面，构建"交通互联、空间一体、临界互动"都市圈空间格局。在市域层面，结合"双评价"工作，整合国家技术指南和武汉特色的评价体系，划定生态、农业、城镇适宜性分区，统筹山水、人文和城镇三大格局；综合人口、用地、产业、交通、空间格局等多因素定量化评估，明确水土资源约束下的城镇建设和农业生产承载规模，落脚到多中心、组团式布局，破解"摊大饼"。

在要素配置上，突出多要素配置标准的耦合统一。突出土地、产业、空间、公共服务设施等各类要素配置

的耦合关系。以建设用地节约集约利用评价为技术手段，基于定性、定量的评价指标，从宏观、中观、微观层面分别提出建设用地减量增长、合理确定开发时序、深度挖掘空间潜力等土地和空间集约利用策略；以产业功能集聚提升为导向，建立规划目标与市场选择匹配模型、市场竞租模型及地租差模型等，巩固落实城市空间格局，合理布局一、二、三产业空间；聚焦三维时空，建立住区及各类建筑量数据与城市空间分布特征之间的关系，开展空间绩效评价、建筑总量与结构评估，提出住区及各类建筑量空间分布指引，提升城市空间绩效和运行效率。

《武汉市国土空间总体规划（2021—2035年）》成果多次在自然资源部、湖北省自然资源厅进行经验交流，以国土空间总体规划编制为契机，推动空间治理转型，进而促进武汉超大城市发展转型，引领迈向人与自然和谐共生的现代化。

1.4 走向"全域规划"，以田园功能单元促进乡村振兴

武汉国土空间规划另一亮点是探索全域管控，即着力解决原有空间类规划"重城轻乡"的问题。城乡规划阶段，中心先后于2012年、2017年分别承担了主城区65片控规导则编制工作和江岸、硚口、江汉三大行政区的控规升级版的编制工作，助推了控规法定化进程，并以江岸区为试点，探索了控规精细化管控的"武汉模式"。在国土空间规划全域全要素管控的大背景下，中心将规划视角从城镇空间拓展到农业农村空间和生态空间，聚焦提升开发边界外乡村地区的管控短板，以乡村全面振兴为重点，助力构建空间规划、农村产权、乡村功能和空间治理的"编管合一"体系，将自然资源的保护、修复与建设的全过程结合，实现从"单纯划线"走向"主动实施"。

落实武汉市统筹推进街道（乡、镇）国土空间规划编制工作的要求，中心承担乡级国土空间规划编制试点项目——《江夏区法泗街国土空间规划（2021—2035年）》，并在此基础上，开展了江夏区山坡、湖泗等4个街道，蔡甸区䂮山街乡级国土空间规划编制工作。致力于探索城镇开发边界外的乡村地区"四位一体"振兴路径，提出以田园功能单元为抓手，明确单元主导功能和产业类型，细化国土空间"三区三线"和管控要求，明确生态、农业、建设用地等约束性指标，提出功能正负面清单等，创新乡村地区实施模式，并由此研究形成了《武汉市田园功能单元划分技术标准（试行）》，和各乡镇国土空间规划项目组共同完成了全覆盖的田园功能单元布局一张图，成为街道（乡、镇）国土空间规划的核心要件，首次填补了开发边界外空间布局的空白，有效筑牢城乡融合发展的底盘。

按照"全面推进乡村振兴"的工作部署，中心持续开展村庄规划编制工作。2018年，结合武汉市提出实施乡村生态振兴的"四三行动计划"，中心承担《江夏区村庄规划（2018—2035年）》编制工作，作为全市首个试点，创新"定点定规模定边界"的工作模式，为全市村庄居民点布局规划的全覆盖打下基础。2020年，自然资源部提出结合国土空间规划编制要求，对有条件、有需求的村庄应编尽编"多规合一"实用性村庄规划。中心结合实际项目，以田铺村为武汉市首个编制审批试点，编制了《舒安街田铺村村庄规划》，突出"编管合一"特色，探索乡村地区全域全要素管控和全过程管理的村庄规划编制新模式。

建立"人、地、产、设施"四位一体编制模式。充分尊重村民意愿，规划确定保留型、控制型和扩新型三种村湾分类；突出"生态+农业"综合评价，统筹规划乡村地区生态景观格局，合理制定差别化、特色化乡村融合单元；提出对居民点规划节余建设用地指标，通过年度实施评估，分时序用于满足新产业、新业态的空间需求，形成建设用地"流量"指标管理模式；围绕乡村生活需求，对应三级村庄体系设置模块化设施配套标准，形成基于乡村生活圈的公共服务设施配置标准。建立"管控指引+规划许可"全过程管理模式。形成"底线约束+分区管控"刚弹结合的管控导引，指导居民点建设和乡村产业项目落地；结合乡村规划"一张图"管理平台，服务村庄居民点内外差别化的乡村建设规划许可。

《武汉市国土空间总体规划（2021—2035年）》的编制工作体现了党的十八大以来新的发展理念和新的要求，以促进高质量发展为目标导向，空间规划逐步由建设型向治理型转变，在生态文明建设和人民美好生活需求保障的指引下，更加注重生态修补、空间织补等，强调发展质量和发展效益，同时也强调规划的可实施、可监控、可评价。中心参与的工作体现了国土空间规划"全域、全要素、全过程"这一规划思路的转变。

下一步，中心将深入以国土空间功能区为抓手，在主导功能传导落实基础上从功能分区到用途管制分区，进一步细化功能区管制规则，明确功能区功能、产业、空间等刚性管控要求及指导性要求，助力规划实施。在城镇空间内，以"六统一"重点功能区详细规划和城市更新相结合的实施模式，借助"汉地云"线上招商平台等工具，将功能区管控纳入招商对接流程，保障主导功能逐一落实，系统助力三阳设计之都、中法生态城等重点功能区的精准招商和规划实施；在农业农村空间和生态空间内，通过"以乡带村，上下联动"全覆盖规划体系，"规划—设计—治理"全流程工作模式，"以点带区，成片治理"全要素技术思路及"共同缔造，共规共治"全方位联动平台四大创新思路，持续探索田园功能单元及村庄"规划、设计、治理"一体化试点工作，引导回龙湾田园综合体、未来家园田园综合体等一批空间有品质、功能多元化、风貌有特色、文化有底蕴、运营有亮点的一体化精品项目实施，促进乡村地区品质和功能双提升。

未来，中心还将充分发挥乡村责任规划师、总设计师在一体化试点工作中的作用，探索研究集体经营性建设用地入市、点状用地政策等激励性政策和制度措施。国土空间总体规划不是简单换一个名称，也不是形式上的拼凑，这项规划的最终目的是要实现国土空间开发保护更高质量、更有效率、更加公平以及更可持续，中心也将为此不断努力。

2 代表项目

▌武汉市国土空间功能区体系和用途管制规划

编制完成时间： 2021 年
获 奖 情 况： 2021 年度全国优秀城乡规划设计奖三等奖

项目背景

为落实"多规合一"要求，传导市级国土空间总体规划的总目标和国土空间整体格局，指导区、乡镇级国土空间规划和详细规划编制，引导项目实施，实现城市核心功能集聚，保证规划实施不走样，市自然资源和城乡建设主管部门组织中心为编制主体，开展了《武汉市国土空间功能区体系和用途管制规划》编制工作。

主要内容

该规划围绕农业农村空间、生态空间和城镇空间这三大空间，基于创新建立的"功能分区—功能区片—功能单元"三级国土空间功能区传导体系，坚持"底线思维、突出特色、创新治理、管理实用"的原则，建立"目标职能—功能空

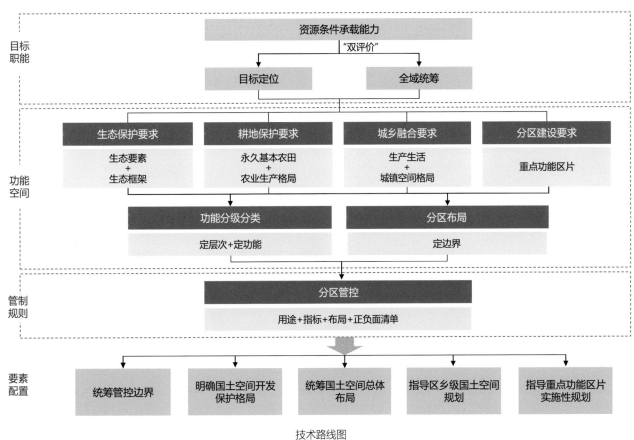

技术路线图

间一管制规则"的规划技术逻辑。

一是突出"主体功能"，细化形成了"赋权+赋能、基础+特色"的全域国土空间功能区分级分类。农业农村空间和生态空间内强化保护利用相结合，细分4类功能区片和6类功能单元；城镇空间内围绕目标定位，细分15类功能区片和25类功能单元。

二是落实总体规划目标、结构、控制指标"三位一体"空间传导，探索了全域一体的国土空间功能区布局。以落实"三条控制线"为基础，落实流域以及整体空间、生态框架等结构性要求，突出以"功能完整、衔接管理、边界不重叠不交叉"原则定边界，以自然地理属性与管理实施要求相结合原则来定规模，全域规划300余个功能区片。充分结合控规单元、行政界线、社区生活圈、田园综合体建设等要素，在各功能区片内进一步细分功能单元，用于指导用途管制和建设实施，服务下一步的控规编制或优化。

三是建立差别化的功能区片管制规则，指导功能单元有效实施。农业农村空间和生态空间的功能区片强调粮食安全、生态安全等保护管控类指标和建设行为的控制与引导。城镇空间功能区片突出功能导控，金融商务、商贸会展、先进制造、产业创新等区片强调产业功能和建设标准，历史文化区片突出文化风貌控制标准，综合服务、居住区片注重社区生活圈设施配置指标。

实施成效

规划核心结论已纳入《武汉市国土空间总体规划（2021—2035年）》，指导了区、街道（乡、镇）国土空间规划以及村庄规划编制。其间，相关规划探索做法向自然资源部相关部门进行了汇报，在"UP论坛"上进行了交流。

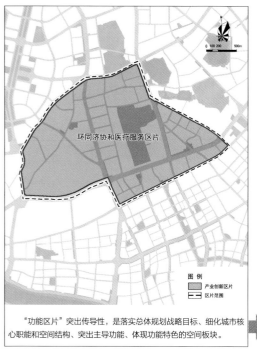

"功能区片"突出传导性，是落实总体规划战略目标、细化城市核心职能和空间结构、突出主导功能、体现功能特色的空间板块。

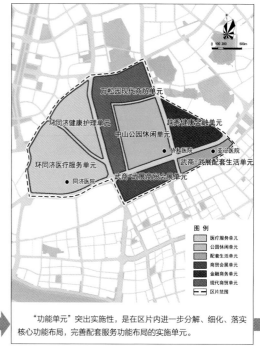

"功能单元"突出实施性，是在区片内进一步分解、细化、落实核心功能布局，完善配套服务功能布局的实施单元。

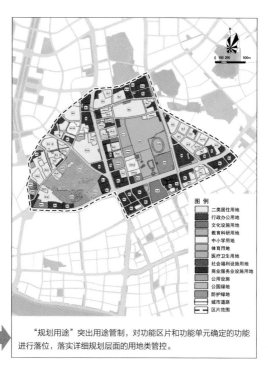

"规划用途"突出用途管制，对功能区片和功能单元确定的功能进行落位，落实详细规划层面的用地类管控。

武汉市国土空间功能区体系传导示意图

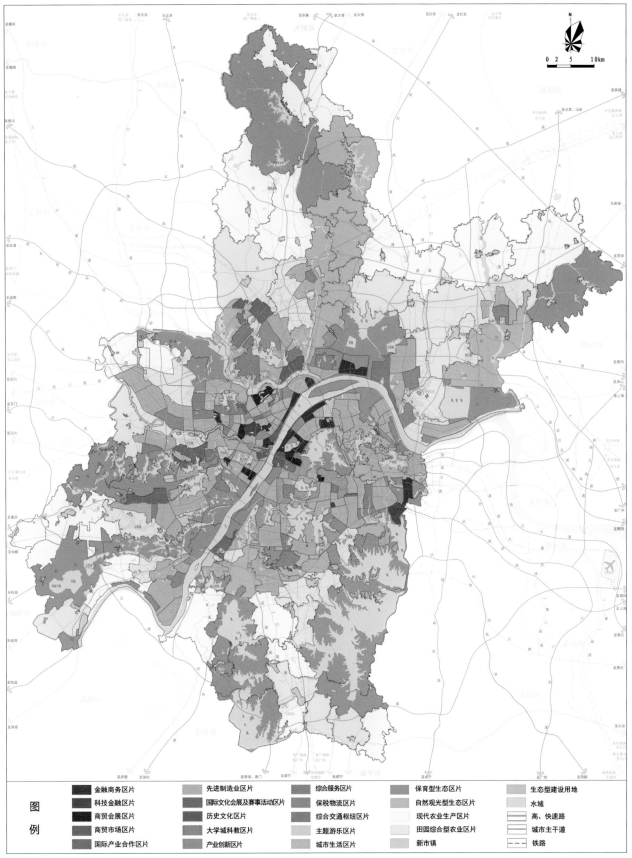

	金融商务区片		先进制造业区片		综合服务区片		保育型生态区片	生态型建设用地
	科技金融区片		国际文化会展及赛事活动区片		保税物流区片		自然观光型生态区片	水域
	商贸会展区片		历史文化区片		综合交通枢纽区片		现代农业生产区片	高、快速路
	商贸市场区片		大学城科教区片		主题游乐区片		田园综合型农业区片	城市主干道
	国际产业合作区片		产业创新区片		城市生活区片		新市镇	铁路

底图来源：《武汉市国土空间总体规划（2021—2035年）》

武汉市国土空间功能区片布局图

武汉都市圈地铁城市发展实施规划

编制完成时间： 2022 年
获 奖 情 况： 2023 年度湖北省优秀城乡规划设计奖二等奖

项目背景

2021年，为落实湖北省、武汉市提出的区域协调发展战略，响应国家号召打造"轨道上的武汉都市圈"，探索围绕轨道交通的土地集约开发模式，在市自然资源和城乡建设主管部门与武汉地铁集团的总体部署下，中心和武汉市交通发展战略研究院组成地铁城市规划专班，开展《武汉都市圈地铁城市发展实施规划》编制工作。

主要内容

该规划秉承"不仅是建地铁，更是建城市"理念，立足打造"轨道上的武汉都市圈"的总体目标，旨在通过规划引领，对外优化城乡功能结构，提升土地利用效益；对内加强站城一体建设，实现资源合理配置。

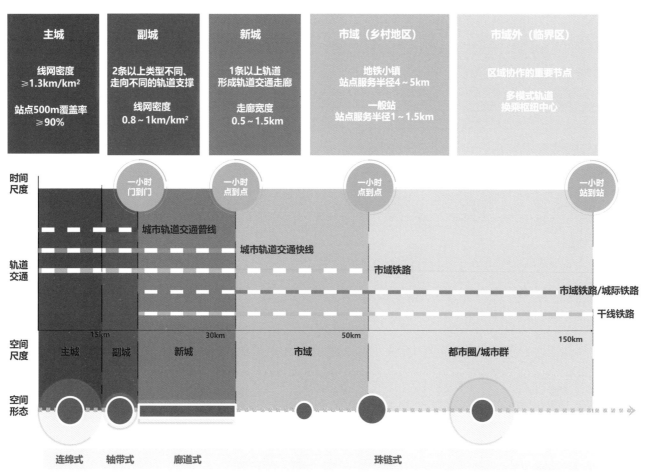

武汉都市圈地铁城市概念结构示意图

一是创新建设模式，以"全方位、多层次、全周期"为原则，构建了"顶层设计—实施项目—政策机制"全链条的都市圈地铁城市建设模式。规划层面打造与"产、城、人、景"协同的地铁城市结构体系；实施层面以"线—片—站"为抓手形成建设指引与示范项目，推动站点复合利用向站城成片综合打造转变；机制层面探索"多主体参与、多计划整合、全链条管控"的综合实施路径，统筹土地、建设、运营、管理全链条。

二是顶层行动引导，构建武汉都市圈地铁城市功能区体系。深入剖析轨道与城乡结构、功能及空间的互动关系，完善了规划市域（郊）铁路线网，优化了都市圈"四网"融合轨道交通网络体系，针对轨道交通站点周边用地提出优化建议。在此基础上构建了以地铁新城、枢纽门户、地铁组团、地铁街区、地铁小镇、地铁微中心为核心的都市圈地铁城市功能区体系，分别从不同圈层支撑都市圈空间一体、产业协作、设施共享、生态共保。

三是无缝衔接实施，形成武汉都市圈地铁城市先导项目库。基于发展目标、客流导向及城乡空间潜力，进一步完善"十四五"轨道线路方案。同步探索"十四五"期间轨道与城乡协同建设路径，结合武汉轨道建设计划，形成以"先导区、示范站"为核心的"线—片—站"项目库，分线路、分片区、分站点提出建设指引，实现一线一特色，一区/站一主题，有效引导下一步建设实施。

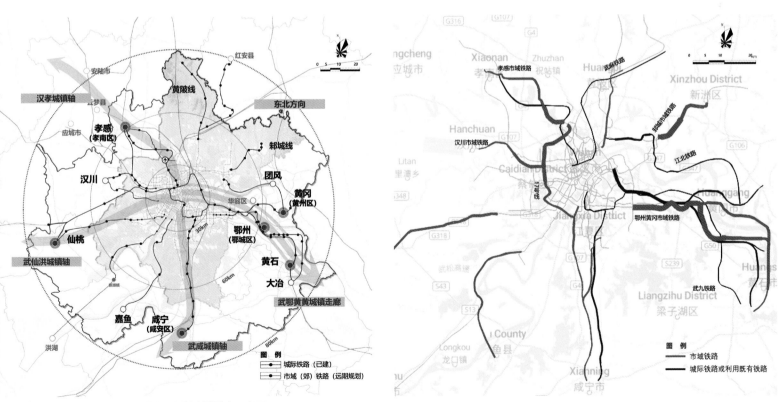

武汉都市圈现状城际铁路及规划市域铁路示意图

底图来源：《武汉市国土空间总体规划（2021—2035年）》

武汉都市圈规划市域铁路客流预测示意图

实施成效

　　规划核心结论已纳入《武汉都市圈空间规划》及《武汉市国土空间总体规划（2021—2035年）》，为区域各城市协同建设提供了技术支撑，并助推了"十四五"轨道建设方案的报批进程。

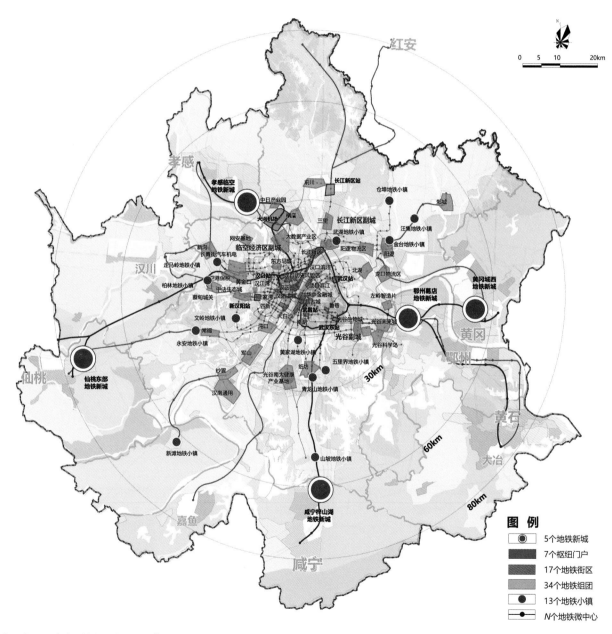

底图来源：《武汉城市圈空间规划》

武汉都市圈地铁城市功能区体系结构图

▎"一米视角"下的武汉儿童友好城市规划实践

编制完成时间： 2022 年

获 奖 情 况： 2022 年国际城市与区域规划师学会（ISOCARP）规划卓越优秀奖；
2021 年度全国优秀城乡规划设计奖二等奖

项目背景

建设"儿童友好型城市"是联合国人居大会的倡议，也是国家"十四五"规划纲要的明确要求。武汉作为中部地区特大城市，截至2022年底，武汉0～18岁儿童人口达170.75万人，占总人口18%，群体规模较大。依托武汉自然山水和历史人文丰富的城市特色，为儿童创造一个良好的成长环境，帮助他们健康成长是规划的主要出发点。2019年起，中心以"儿童友好"为切入点，依托与联合国人居署合作的平台优势，坚持"整体统筹、空间引导、试点示范"的总体思路，逐步完成了武汉市儿童友好战略规划、城市空间规划技术导则以及江汉区儿童友好型城区建设行动计划等系列内容。

主要内容

该规划坚持"以儿童为中心"的规划理念，通过"1米高度"看城市，构建"宏观战略规划引领—中观空间规划管控—微观实施行动落实"三个层面的编制技术路线，系统形成武汉儿童友好城市规划框架和规划建设指引。

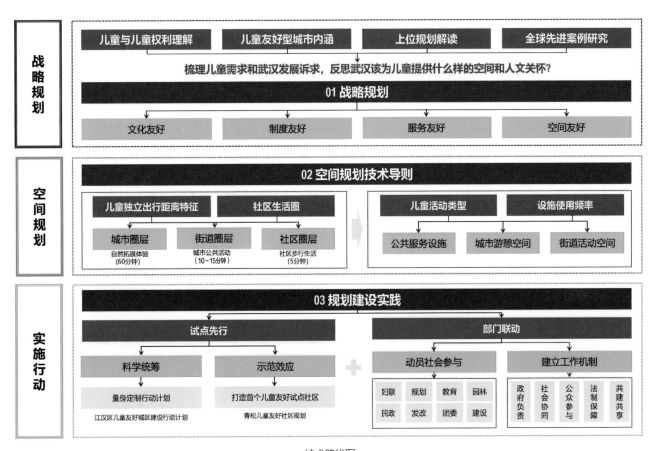

技术路线图

一是强化"顶层设计"，发挥与联合国人居署合作优势，遵循国家战略和武汉实际，通过开展大量官方文件、框架体系、全球经验等研究，提出建设"安全、公平、健康、有趣、可持续繁荣发展的儿童友好型城市"总体战略目标，围绕社会治理和城市空间两个维度，构建文化友好、政策友好、服务友好、空间友好的"四友好"核心战略规划体系。

二是注重"规划管控"，充分考虑不同年龄段儿童心理和行为特征，以儿童独立出行距离特征为基础，建立"城/区—街道—社区"三级儿童活动圈层，打造5分钟社区步行生活圈、10～15分钟城市公共活动圈和60分钟自然拓展体验；以儿童活动类型、设施使用频率等特征划分空间类型，提出着重开展游憩空间、公共服务设施、出行路径三大空间的"适儿化"改造工作。

三是开展"试点先行"，以江汉区为先行示范城区，针对其人口密度高、可开发用地面积少的特征，量身定制儿童友好城区建设行动计划；以老旧社区改造为契机，率先开展"适儿化"改造工作，主动倾听儿童声音，将儿童核心诉求纳入社区改造规划方案中，打造全区首个儿童友好试点社区。

实施成效

规划推动了武汉全面开展儿童友好城市创建工作，规划核心成果内容纳入全市层面的战略规划、行动计划和建设方案中，助力武汉入选第二批建设国家儿童友好城市；同时，规划成果有效指导了一批儿童友好项目陆续建成使用，联合国人居署和联合国儿童基金会将武汉案例纳入全球儿童友好公共空间案例库；《武汉市儿童友好城市空间规划技术导则（试行）》已面向武汉市各区人民政府及各职能部门印发实施，进一步引导和规范全市不同层级的儿童友好城市空间和设施的规划、设计、建设以及"适儿化"改造工作，推动武汉儿童友好城市建设。

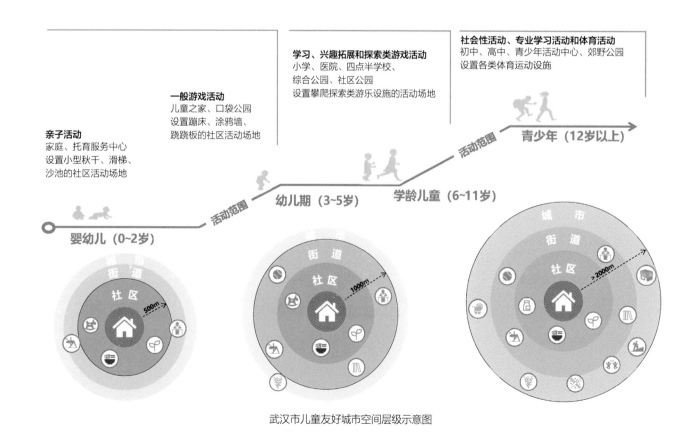

武汉市儿童友好城市空间层级示意图

托育设施、综合服务设施布局示意图

① 婴幼儿活动区 ⑤ 看护休憩区
② 学龄儿童活动区 ⑥ 儿童游乐设施
③ 运动场地 ⑦ 互动景墙
④ 家庭露营区 ⑧ 服务设施

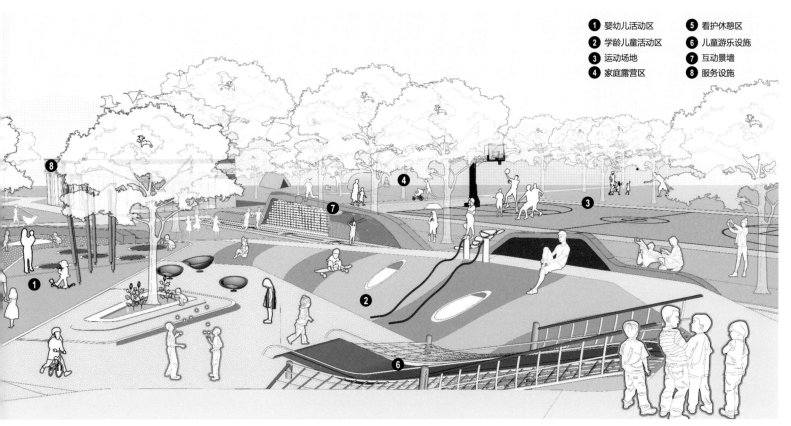

城市公园儿童活动区域示意图

武汉市城市住区规划研究

编制完成时间：2016 年

获 奖 情 况：2017 年度全国优秀城乡规划设计奖三等奖

项目背景

武汉市政府于2016年正式启动面向2035年的武汉新一轮城市总体规划编制工作，先期开展了"11+22"个重大和支撑专项研究，其中，中心完成《武汉市城市住区规划研究》专项研究报告。

主要内容

该研究在分析总结不同历史阶段住区规划布局特征的基础上，梳理了武汉市历轮市级总体规划对住区的要求，定性定量剖析武汉市住区现状问题，提出可承接未来城市产业、人口发展的居住用地布局与住区规划指引，保障人口与住房"匹配、均衡、适度"的有序协调发展。

		1949年以前	1949～1957年	1958～1978年	1979～1997年	1998年至今
类型		传统住区	工业住区	政策引导型住区		市场导向型住区
		里分、传统民居	工人新村	单位大院 低标准福利房	试点小区 带产权高标准福利房	多元化现代居住小区 保障房、"城中村"还建房及各类驱动型住
布局特征	空间组合方式	连排式、合院式布局	围合式布局、行列布局	院落行列式、独栋散点式	多元化布局	多元化、自由式布局
	街坊尺寸	里分约5～10hm²、传统民居约20～50hm²	约10hm²	无定量	约5～10hm²	由居住小区大小决定，约5～200hm²
	混合度	较高	较高	极低	较低	较低
	设施配套	城市功能结构单一，居住职能为主，其他社会经济产业发展滞后。	住房和配套具有统一的计划安排，配套完善，有邻里生活中心。	单位大院型住区依托单位，内部设施完善；福利型住区配套位于建筑内部，品质极为缺失。	居住环境的需求提升，服务配套设施逐步发展但受限于城市发展和政策引导不足，建设相对脱节。	由于土地集约节约发展、以人为本和可持续等观念的发展，使以往注重基本服务功能转为关注人的个性化需求。
分布特征		传统民居主要位于武昌古城内，沿道路成片分布；里分主要位于汉口租界区内，沿江带状分布。	结合大型工业分布，工业区适当分离。	单位大院型住区依托大型国有单位企业形成的配套居住；福利型住区结合小型工业和单位就近安置居住。	住宅市场化刚刚形成，城市功能体系不完善，受城市发展政策导向 影响，主要考虑居住与产业就业、生活的便利等。	城市边缘区向需求区域发展，市场性意愿较强。

武汉市住区时空特征演变规律图

一是从城市历史发展维度，剖析各个时期武汉市住区的演变特征。规划梳理了1949年以前、1949～1957年、1958～1978年、1979～1997年、1998年至今等不同历史阶段住区的类型、规模尺度、建筑空间组合关系、混合度、设施配套及分布等方面的演变特征，为住区空间绩效评价提供基础。

二是以数据化思维开展住区空间绩效评价。在构建武汉市用地、人口、建筑量基础数据库基础上，规划创新住区空间绩效评价定量分析方法，筛选空间分布、道路交通、经济要素、环境要素和社会要素等方面3级17个影响因子进行权重叠加分析，以武汉市各综合组团为单位开展空间绩效评价，剖析住区环境品质、产业关联度、设施配套及社会治理等方面的问题。

三是以"人—地—房"一体化的思路提出住区规划指引。在规划管控方面，以"综合组团+编制单元"为基准单元，精细化合理安排居住空间，开展建筑规模管控；在住房供应方面，提出"高品质、多元化、可负担"的目标和"购租并举"的多层次住房供应策略；在街区营造方面，提倡营造人性化的街区尺度，打造宜居宜业、融合共享的混合街区。

实施成效

专项研究报告核心结论已纳入《武汉市国土空间总体规划（2021—2035年）》。

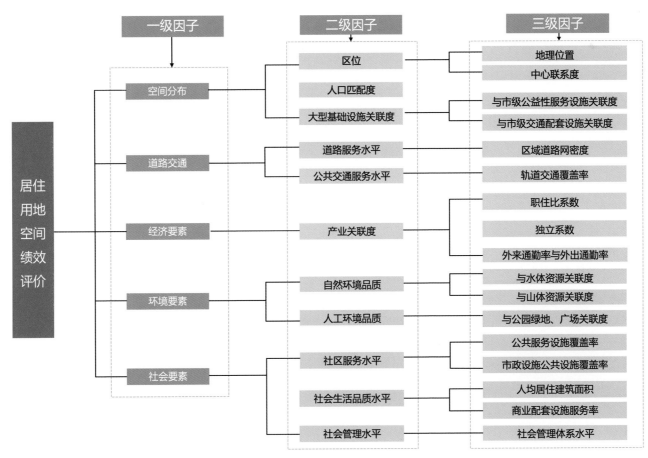

居住用地空间绩效评价影响因子图

武汉市建筑量研究

编制完成时间： 2016 年

获 奖 情 况： 2017 年度武汉市优秀城乡规划设计奖表扬奖

项目背景

武汉市政府于2016年正式启动面向2035年的武汉新一轮城市总体规划编制工作，先期开展了"11+22"个重大和支撑专项研究，其中，中心完成《武汉市建筑量研究》专项研究报告。

主要内容

该研究通过案例的深入分析，创新性建立了建筑量与城市发展阶段的关联，并基于武汉市主城"存量"及"增量"建筑的大数据，对总量及不同用途建筑量的空间分布进行分析，构建了城市空间发展态势的评估框架及规模预测分配模型，提出对城市空间的量化引导建议。

一是开展现状评估，寻找发展规律与问题。通过分析案例城市不同发展阶段中城市建筑量的数据变化情况，总结城市建筑总量、不同类型建筑规模结构比例和空间分布的客观规律，评估与反思武汉市现状建筑规模及空间分布上的特征及问题，并预测武汉市建筑规模总量与结构。

二是建立分配模型，提出引导与管控思路。运用大数据处理与分析手段，筛选出区位可达性、交通枢纽辐射、现代服务业布局、商圈结构、公共服务设施、公共中心、景观环境7大类20小类空间分布影响因子进行权重叠加分析，并结合"生态底线控制、城市亮点区块"等城市发展战略进行数据修正和校核，提出不同类型建筑规模的空间分布建议。

实施成效

专项研究报告核心结论已纳入《武汉市国土空间总体规划（2021—2035年）》。

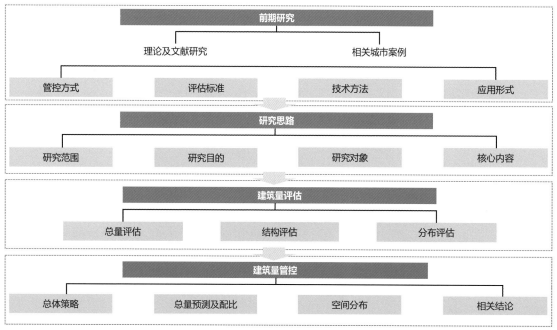

技术路线图

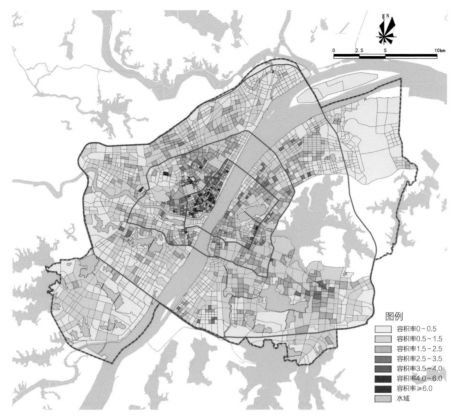

图例

容积率0~0.5
容积率0.5~1.5
容积率1.5~2.5
容积率2.5~3.5
容积率3.5~4.0
容积率4.0~6.0
容积率≥6.0
水域

武汉市主城区街坊现状平均容积率分布图

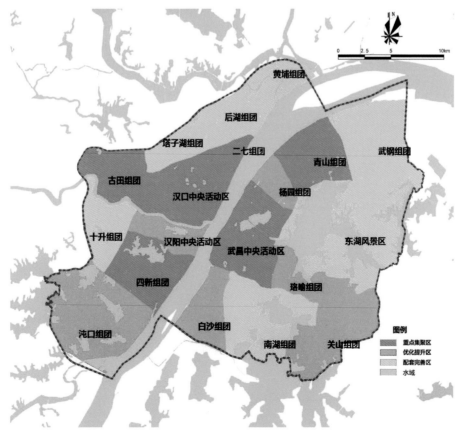

黄埔组团

后湖组团

塔子湖组团

二七组团

青山组团

武钢组团

古田组团

汉口中央活动区

杨园组团

十升组团

汉阳中央活动区

武昌中央活动区

东湖风景区

四新组团

珞喻组团

沌口组团

白沙组团

南湖组团

关山组团

图例

重点集聚区
优化提升区
配套完善区
水域

武汉市主城区商业商务建筑规模空间分布引导图

武汉市产业发展空间布局规划

编制完成时间： 2016 年

获 奖 情 况： 2017 年度湖北省优秀城乡规划设计奖三等奖

项目背景

武汉市政府于2016年正式启动面向2035年的武汉新一轮城市总体规划编制工作，先期开展了"11+22"个重大和支撑专项研究，其中，中心邀请国务院发展研究中心、中国科学院地理科学与资源研究所、中国城市和小城镇中心综合交通院、中共武汉市委政策研究室、南京大学、华东师范大学共同完成《武汉市产业发展空间布局规划》专项研究报告。

主要内容

该研究坚持"产业、空间、土地"多规融合，以区域协同、创新引领、市场导向、产城融合为理念，以现状评价一体化、目标制定一体化、体系构建一体化、策略指引一体化为手段，围绕加快转型升级传统制造业，大力培育新兴产业和创新产业，做强做大平台经济，完善区域产业链的产业发展策略，合理规划产业空间布局，引导

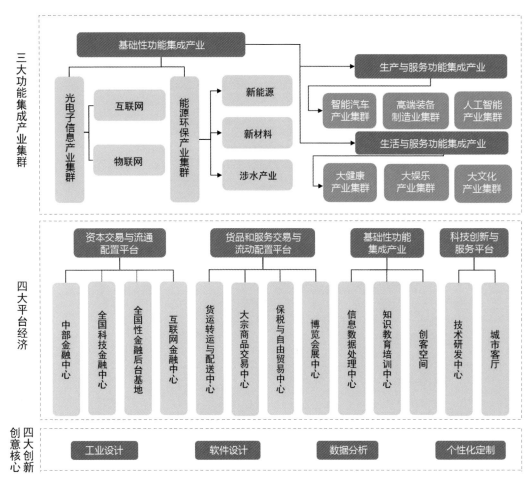

武汉市产业体系规划示意图

产业和城市健康发展。

一是在对武汉市产业发展与相关区域比较分析、解读武汉市产业空间分布和空间发展潜力基础上，开展产业空间耦合评价，全面分析武汉市产业经济和空间发展上存在的问题。二是落实国家和区域发展战略、城市总体规划目标，在分析武汉市产业发展内生、外生动力的基础上，提出分阶段的产业发展目标和创新发展的迭代产业体系，预判产业用地规模，确保产业体系在空间上落地。三是运用产业生命周期理论和地租差理论，顺应产业迭代发展规律，以及从单中心到多中心分化再到多中心网络化动态发展的客观规律，考虑多元利益诉求，遵从市场导向进行产业区位选择，推导武汉市城市空间布局趋势。四是分析"流空间"理念下的产业空间结构，以货物流、人流、资金流、信息流为规划价值导向，建立资本交易与流通配置平台（金融中心）、货品和服务交易与流动配置平台（物流中心）、信息知识技术交换与服务平台（信息交换中心）、科技创新与服务平台（人才集聚中心）四大流节点平台经济，合理规划"流空间"影响下的产业空间格局。五是基于"产城融合"理念，研究国内外产业单元规划方法，划分文化融合、产业提升、产业发展和产城一体四类产业单元，形成分区产业空间布局指引，提出武汉市产城融合发展的实现路径和引导策略。

实施成效

专项研究报告核心结论已纳入《武汉市国土空间总体规划（2021—2035年）》。

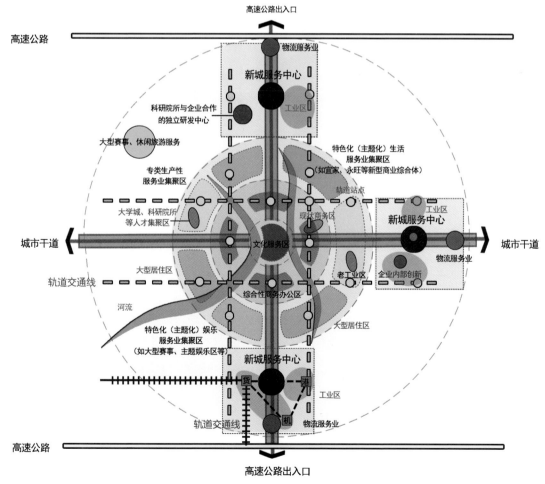

武汉市产业空间规划布局模式图

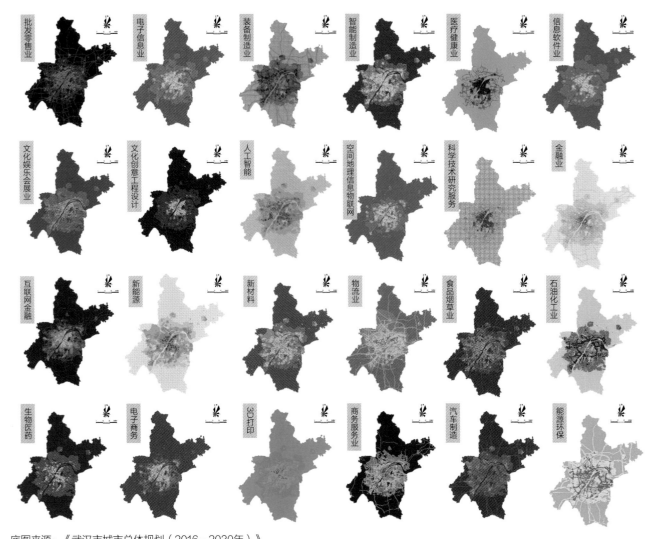

批发零售业　电子信息业　装备制造业　智能制造业　医疗健康业　信息软件业

文化娱乐会展业　文化创意工程设计　人工智能　空间地理信息物联网　科学技术研究服务　金融业

互联网金融　新能源　新材料　物流业　食品烟草业　石油化工业

生物医药　电子商务　3D打印　商务服务业　汽车制造　能源环保

底图来源：《武汉市城市总体规划（2016—2030年）》

武汉市各类产业空间集聚趋势图

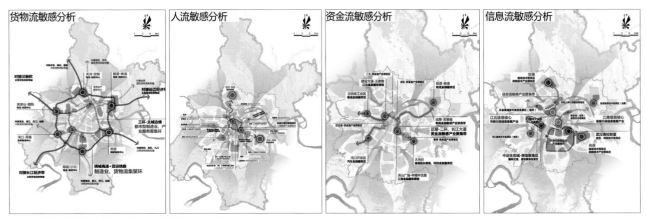

货物流敏感分析　　人流敏感分析　　资金流敏感分析　　信息流敏感分析

底图来源：《武汉市城市总体规划（2016—2030年）》

基于"流空间"的武汉市产业空间结构分析图

武汉市资源环境承载力与国土空间开发适宜性评价

编制完成时间： 2022 年
获 奖 情 况： 2023 年度湖北省优秀城乡规划设计奖三等奖

项目背景

为贯彻落实新时期国家发展重大战略和国土空间规划改革重大部署，武汉市政府在2018年完成的面向2035年的城市总体规划成果基础上，组织编制了《武汉市国土空间总体规划（2021—2035年）》，中心联合中国自然资源经济研究院共同承担该总体规划阶段重要专题《武汉市资源环境承载力和国土空间开发适宜性评价》编制工作。

主要内容

该专题以尊重规律、生态优先、因地制宜为原则，重点分析了区域资源禀赋与环境条件，研判国土空间开发利用问题和风险，识别出武汉市资源环境承载的短板与影响要素，划分了适宜性分区，明确了农业生产、城镇建设的最大合理规模和适宜空间，提出针对性的国土开发利用管理方向和区域土地综合承载力提升对策。

一是在参考国家"双评价"技术规程基础上，紧扣武汉市百湖之市、一城江水半城山等资源禀赋，增加水体线、山体线、蓄滞洪区等本土特色的评价指标，彰显武汉资源环境特色。二是充分衔接管理要求，注重评价成果的权威性和传导性，贯彻落实国家、省、市关于耕地保护、节约用地、生态保护修复等国土空间管理要求和相关规划成果，确保功能空间布局的一致性和控制指标的协调性。三是构建了"底线空间+多宜空间"的国土空间分区体系，为解决同一地域空间同时存在"生态极重要、农业生产适宜和城镇建设适宜"的多目标冲突，在传统农业适宜区、建设适宜区、重要生态区等国土空间适宜性分区基础上，增加"农建"两宜区和综合利用区等多宜区，为武汉市可持续发展预留弹性空间。

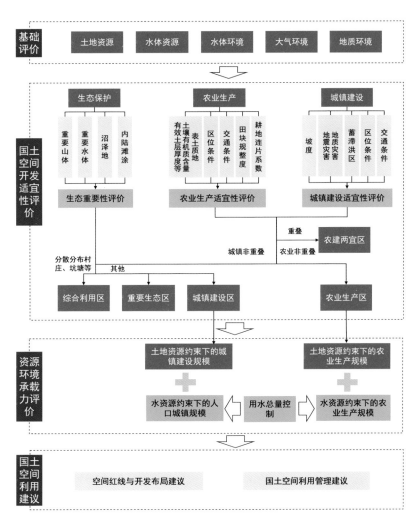

技术线路图

实施成效

专题核心结论已纳入《武汉市国土空间总体规划（2021—2035年）》，为科学划定"三区三线"、深度挖掘空间潜力、优化国土空间资源配置提供基础性依据。武汉市"双评价"创新性技术方法纳入到自然资源部《资源环境承载能力和国土空间开发适宜性评价技术指南（试行）》。

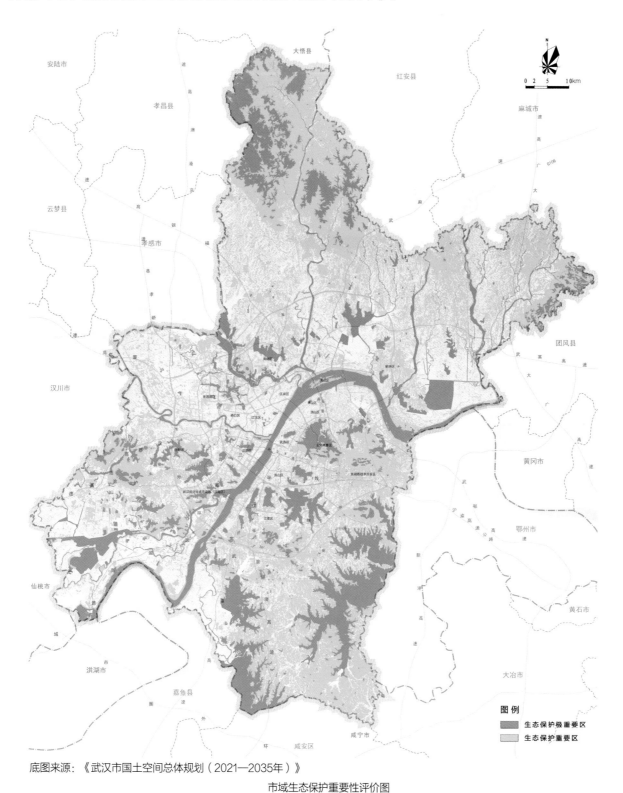

底图来源：《武汉市国土空间总体规划（2021—2035年）》

市域生态保护重要性评价图

江夏区法泗街乡级国土空间规划（2021—2035年）

编制完成时间： 2022 年

项目背景

按照武汉市完善市—区—乡三级国土空间总体规划编制体系的要求，市自然资源和城乡建设主管部门统筹推进街（乡、镇）国土空间规划编制。江夏区法泗街位于武汉市南部，全域面积约92km²，是典型的农业乡镇。为统筹法泗街城乡融合发展、实施乡村振兴战略、探索武汉市乡级国土空间规划编制技术方法，中心联合武汉大学、湖北省农业规划设计研究院开展《江夏区法泗街乡级国土空间规划（2021—2035年）》编制工作。

主要内容

该规划坚持问题导向和目标导向相结合，聚焦耕地保护、生态修复、城乡融合发展等方面，构建法泗街全域国土空间保护、开发、利用和修复格局。

一是坚持"多规合一"、综合统筹。规划落实市、区两级国土空间总体规划，以及基本生态控制线规划、湖泊"三线一路"保护规划、上涉湖湿地保护区总体规划等相关专项规划要求，传导功能定位、产业发展、风貌建设等弹性管控要求，明确法泗街作为生态农业强镇的功能定位，构建空间底线、空间结构与效率、空间品质共3大类24项规划指标体系，实现对上位规划要求的细化分解，服务精细化规划管理。

二是以田园功能单元为抓手实施用途管制。依据自然禀赋，结合"一核三心、三轴两楔、三片区"的空间格局，将法泗街全域划定农业产业型、农业生态型、生态保育型、郊野公园型4种类型共5片田园功能单元。在农业产业型田园功能单元内结合耕地潜力，重点开展土地复垦，优化耕地布局，推进永久基本农田集中连片整治；在生态保育型田园功能单元内重点开展生态修复，提升上涉湖、鲁湖等湖泊生态功能，明确生产功能用地的空间准入要求，引导重点湖泊周边现状用于渔业养殖及生猪养殖等的农业设施用地、生态保护红线内现状农村居民点等用地逐步调出，复垦为林地、园地、坑塘水面等生态型用地；在以大路村、珠琳村为核心的

法泗街国土空间开发保护总体格局规划图

农业生态型、郊野公园型田园功能单元内，结合乡村产业项目策划，对建设用地实行总量管控，点状布局乡村产业用地，促进农村一二三产业融合发展。

三是围绕村湾建设助力乡村振兴。规划结合村民意愿及实际居住需求，明确镇村体系，合理布局村湾，配套合理的公共服务设施，改善人居环境。引导村湾集并，落实"总量不变、结构调整"的总体要求，优化村庄建设用地布局，规划腾退农村居民点约29hm²，为乡村新产业、新业态发展提供要素保障。

实施成效

作为武汉市乡级国土空间规划编制的试点项目，根据规划成果提炼的编制技术路线、编制内容、成果形式等技术要点已纳入《武汉市街（乡、镇）国土空间规划编制技术导则（试行）》。同时，规划明确的大路村、珠琳村乡村振兴项目纳入湖北省首批省级农村产业融合发展示范园认定名单，已启动建设实施；污水处理厂、食品加工园等镇区重点建设项目已启动土地征收等建设前期准备工作。

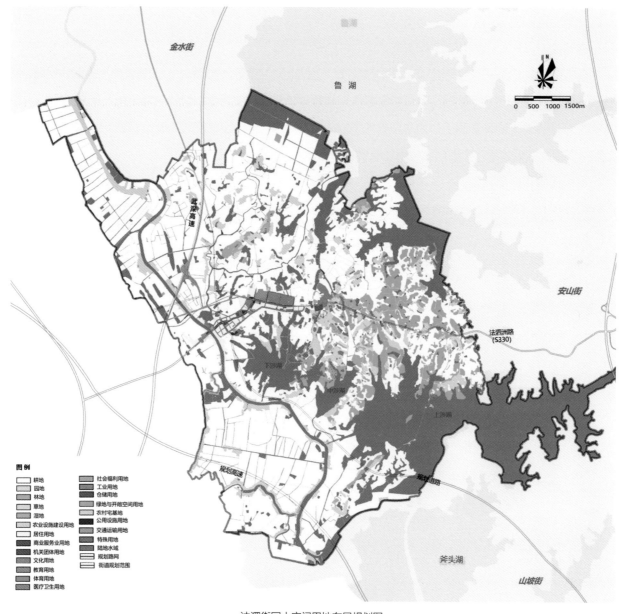

法泗街国土空间用地布局规划图

▌江夏区农村居民点规划（2018—2035年）

编制完成时间： 2018年

获 奖 情 况： 2019年度湖北省优秀城乡规划设计奖二等奖

项目背景

2018年中央一号文件《中共中央　国务院关于实施乡村振兴战略的意见》正式全面部署实施乡村振兴，武汉市提出实施乡村生态振兴的"四三行动计划"要求，乡村地区发展面临新的要求和机遇，成为实现自然资源向生态产品价值转变的新空间。在市国土和规划主管部门的总体部署下，中心开展《江夏区农村居民点规划（2018—2035年）》编制工作，作为武汉市农村居民点规划试点，探索居民点布局思路，促进美丽宜居乡村建设。

主要内容

该规划聚焦乡村地区空间治理，抓住村庄居民点作为武汉市2018年乡村地区管控的核心和前提，提出聚焦居民点布局，通过定点位、定边界、定规模来优化生活空间，整合土地资源，支撑未来新产业、新业态发展空间。

一是坚持以人为本、集约建设、生态优先，因地制宜，对江夏区现状1844个村湾进行分类引导，形成江夏区全域居民点规划布局，引导房地一体的宅基地和集体建设用地登记发证。充分征求村民意愿，将现状户数少于50户、人口少于100人的空心村湾，距离耕作空间两公里以上、交通公服配套不足的村湾以及位于规划城镇开发边界内的村湾，作为搬迁集并型村湾；将美丽乡村、历史文化名村和现状基础较好的村湾予以保留；将暂时无法实施搬迁的生态保护红线内村湾进行过渡性控制；将区位条件佳、空间有增量的村湾作为扩新型村湾。

二是以功能提升培育乡村发展动能，按照"盘活存量、用好流量、严控总量"的原则，规划利用好村湾居民点集并后节余指标用于满足未来村湾新产业、新业态的空间储备，促进乡村地区功能网络化、管理精细化。

三是以强化工作机制和平台建设为手段，形成"村民主体+乡村规划师"的合作式工作制度，创新"技术指南+信息平台"的管理手段，促进规划好用管用实用。对应分级管理，形成"一区一图册"——分区确定村庄全域布局规划，"一镇一图则"——分镇形成图则式的管控，"一村一蓝图"——分村发布蓝图式的公示文件，成果纳入全市规划管理"一张图"平台。

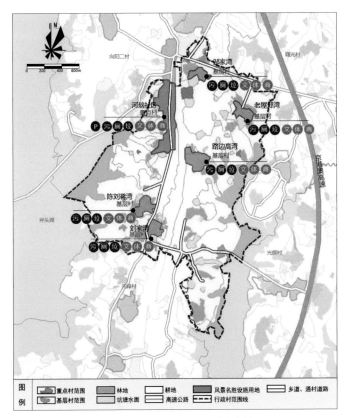

江夏区山坡街向阳一村农村居民点规划布局图

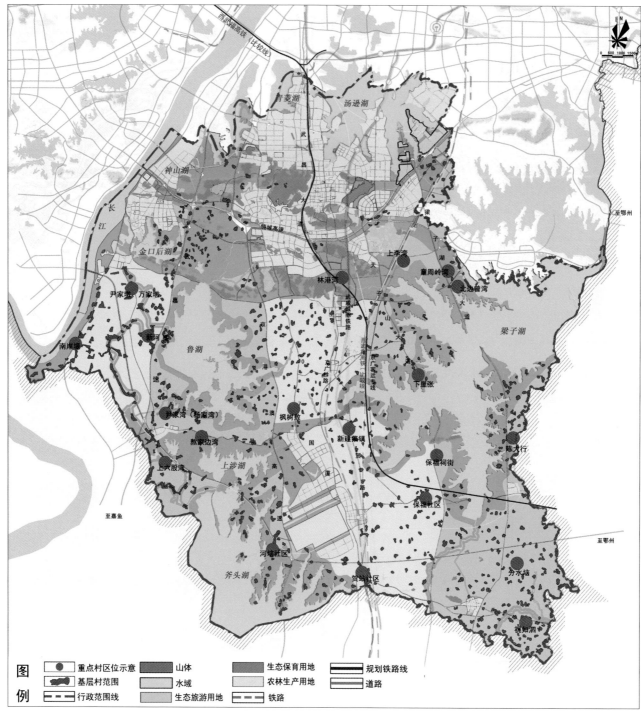

江夏区农村居民点规划布局图

实施成效

获批后的规划成果有效支撑了村庄居民点详细规划范围内乡村规划许可管理。同时，成果作为湖北省唯一的村庄规划典型案例上报自然资源部，并在湖北省第29个全国"土地日"上展出。

江夏区舒安街田铺村村庄规划

编制完成时间： 2020 年

获 奖 情 况： 2021 年度湖北省优秀城乡规划设计奖二等奖

项目背景

田铺村位于武汉市江夏区梁子湖东南岸，生态环境优越，行政边界面积8km²，现有14个自然村湾，近一半村湾人口不足25户，人口分散、"空心化"程度高。2013年，未来家园现代农业园入驻田铺村北部，流转集体土地6000亩，初步形成以"农业种植+蛹虫草培育"主导的科技农业产业链。为满足村民自治需求，合理优化居民点布局，规范引导农业产业园建设，经江夏区舒安街道办事处申请，中心开展《江夏区舒安街田铺村村庄规划》编制工作，作为武汉市首个获批的实用性村庄规划试点，探索乡村地区村庄规划编制新模式。

主要内容

该规划突出"因地制宜，内生驱动"的理念，坚持问题导向、实施导向，建立"提特色—明目标—谋全局—促实施"规划逻辑，构建了"布点规划—分区管控—空间布局—详细设计"全生命周期的"多规合一"实用性村庄规划框架。

一是形成了"自下而上、部门联动"的村庄规划工作新方法。形成"部门共识、多规合一"的统一底图，充分尊重村民意愿，充分调研收集在村企业的产业发展需求，形成了村企互动的共识，将自上而下的底线底数管控和自下而上的发展需求相结合，突出规划的落地性和可操作性。

二是探索了保护利用相结合的村庄规划编制新模式。包括基于宅基地确权确定三种人地空间分布模式，形成"一中心村、六基层村"的居民点体系；基于生态系统服务功能、生态敏感性和农业生产适应性评价，统筹确定生态景观格局；基于地域特征，按照"应保尽保、宜农则农、宜居则居"的原则，划定差别化的五类乡村功能单元；基于农业本底确定用地"流量"指标管理，居民点集并后腾退约3hm²建设用地指标，合理用于集体产业项目建设；基于乡村生活圈确定公共服务设施配置标准，打造生活便捷、配套完善的乡村社区共同体。

三是创新了"刚弹结合、编管合一"的管理新思路。建立"底线约束+分区管控"的村庄规划图则模式，形成"村域空间布局图+功能分区管控图+用地一览表+村庄体系一览表+分区管控要求一览表"的"两图三表"图则管控，指引国土空间开发保护，实现村民看得懂、企业有导向、管理有依据的工作目标。

实施成效

规划成果为舒安街田铺村农村居民点建设、未来家园现代农业园建成市级田园综合体提供了支撑。作为全市首个获批的实用性村庄规划编制试点，为武汉市后续出台的《武汉市村庄规划编制技术导则（试行）》提供了基础。

田铺村村域实景图

图片来源：未来家园现代农业园

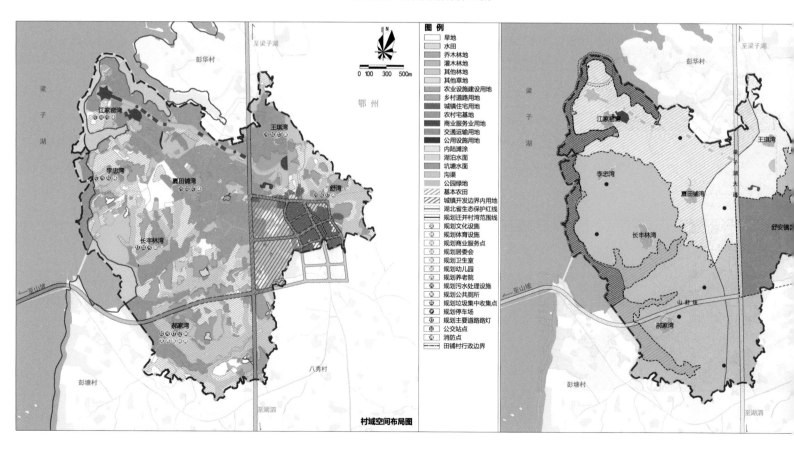

村域空间布局图

未来家园田园综合体建设实景图

图片来源：未来家园现代农业园

图例

- 香果休闲区
- 花药种植区
- 粮食高产区
- 生态保育区
- 集中建设区
- 农村宅基地
- 农业科研和技术服务用地
- 旅游服务用地
- ● 农业设施建设用地
- 生态保护红线控制范围
- 绿线控制范围
- 生态保护红线（蓝线）
- 绿线
- 文物保护线
- 建设控制地带
- 村域范围

比例尺 300 500m

1 空间布局一览表

田铺村村域范围面积808.67公顷，规划保留7个居民点，包含1个中心村和6个基层村。

用地数据对比表

编码	地类	现状面积（公顷）	规划面积（公顷）	变动情况（公顷）
01	耕地	188.67	275.19	86.52
02	园地	142.19	137.66	-4.53
03	林地	258.04	173.93	-84.11
04	草地	5.68	0.11	-5.57
05	湿地	8.48	10.23	1.75
06	农业设施建设用地	13.46	13.46	0
07	居住用地	38.7	22.88	-15.82
其中 0701	城镇住宅用地	17.78	8.39	-9.39
0703	农村宅基地	20.92	14.49	-6.43
08	公共管理与公共服务用地	5.11	10.09	4.98
09	商业商务用地	7.62	10.48	2.86
12	交通运输用地	5.81	30.32	24.51
13	公用设施用地	1.48	2.85	1.37
14	绿地与开放空间用地	2.98	2.88	-0.10
15	特殊用地	1.11	0	-1.11
17	陆地水域	129.34	118.58	-10.76
	合计	808.67	808.67	—

等级	居民点名称	现状户数（户）	规划户数（户）	规划人口户籍口（人）	规划常住人口（人）	现状宅基地面积（公顷）	规划宅基地面积（公顷）	规划户均宅基地面积（平方米）
中心村	郝家湾	56	93	297	160	2.13	2.7	290.32
基层村	长丰林湾	51	110	368	130	2.51	3.33	302.73
	李忠湾	40	40	109	50	1.08	1.08	270
	夏田铺湾	68	68	194	80	2.49	2.49	366.18
	舒湾	46	46	106	50	1.34	1.34	291.3
	王琪湾	30	30	91	40	1.52	1.52	506.67
	江家窑湾	75	75	198	90	4.19	2.03	270.67
全村合计		498	462	1363	600	20.92	14.49	313.64

2 分区管控要求

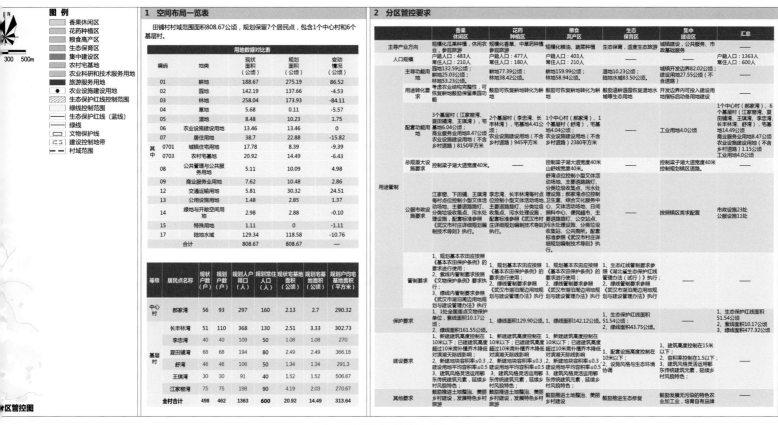

舒安街田铺村村域用地管控图则

武汉市城市风光
图片来源：武汉市自然资源保护利用中心

1 综述

习近平总书记多次强调："历史文化是城市的灵魂，要像爱惜自己的生命一样保护好城市历史文化遗产。"要更多采用微改造的"绣花"功夫，对历史文化街区进行修复，像对待"老人"一样尊重和善待城市中的老建筑，保留城市历史文化记忆。

武汉拥有"两江交汇、三镇鼎立"的独特城市格局和"楚风汉韵、多元包容"的厚重文史底蕴，是1986年国务院公布的第二批国家历史文化名城之一。3500余年的文明传承，1800余年的建城史，让武汉这座伟大的城市积淀了丰厚的历史文化遗产。为了推动历史文化名城保护与发展，武汉市建立了"历史文化名城—历史街区—名镇名村—历史建筑"的四级保护管控体系，统筹开展了历史文化街区、名村、历史建筑普查划定以及保护规划编制、管理和实施工作。

20年来，中心参与了武汉市昙华林片等历史文化街区、武汉市石骨山村等历史文化名村以及湖北省明楚王墓等遗址公园保护规划编制及相关研究工作，并将相关经验复制到西藏山南市泽当等省外项目，为不同区域、不同尺度、不同对象的历史文化遗产划定了保护底线，制定了可持续发展路线。对城市的拳拳之心化作规划之笔，以长周期、全过程参与历史文化街区"保护规划+控制性详细规划+修建性详细规划+建筑景观设计+保护修缮方案"的特色工作模式，精心雕琢推动昙华林、中山大道等街区的保护复兴，让老街区焕发新活力，生动展示了武汉这座城市的文化底蕴、张力和生长。

1.1 坚守根脉，为历史保护筑牢刚性管控底盘

历史文化街区的复杂性决定了保护工作的艰巨。武汉是较早提出系统保护历史城区，并明确建立市级法规保障的城市。自2002年开始，中心先后主持了武昌古城等历史城区、中山大道等历史文化街区、农讲所片等历史地段、汉钢片等传统特色街区以及石骨山村等历史文化名村保护规划，积累了从资源深度调查到核心文化价值提炼，从保护对象精准锁定到保护要素管控传导，从详细规划方案编制到规划管理实施的技术经验，筑牢了历史文化街区、历史村落的历史保护技术底盘。

开展系列历史文化街区保护规划编制，支撑搭建武汉市历史文化风貌街区保护体系。注重现状调查研究，

通过扎实的现场踏勘、居民访谈和调研，对各类历史文化资源进行全面深入地挖掘和整理。在此基础上，以街区历史文化价值为核心，建立街区法定保护框架，锁定街区内历史街巷格局肌理、历史建筑、历史环境要素、非物质文化遗产等保护对象，确立保护内容及保护要求，让街区保护有法可依、有据可循。

探索历史文化街区保护规划与控制性详细规划合并编制模式，实现保护规划与控制性详细规划有效衔接。中心以昙华林历史文化街区为试点，重点将保护规划的"五线"控制、主导功能和开发容量、公益性设施、建筑高度等核心内容，一脉传导至控制性详细规划。并联审批后的保护规划和控规的强制性内容纳入武汉市控规导则，并叠加到武汉市规划管理"一张图"进行监督管理，实现"编管合一"，让保护规划既管用又好用。

探索历史文化街区精细化设计和管控方式，推动街区保护与更新实施。结合政府、市场及街区多元发展诉求，中心开展了美术馆片等汉口原租界区历史文化风貌街区修建性详细规划。在落实保护规划强制性控制要求，以历史建筑保护利用和公共空间营造为核心，精细化设计街区建筑、街巷、绿化等，综合论证功能、容量及投资收益，形成街区的土地利用、建筑、公共空间、公共服务设施、市政交通以及地下空间等管控图则，经审批后纳入控规细则，作为实施街区改造用途管制和规划许可的重要依据。

如果说保护工作的起点是对历史遗产的悉心挖掘，那么保护工作的支点则是对历史遗产的刚性管控。中心参与大量以刚性管控为主的保护规划研究和编制工作，为搭建武汉市历史文化名城保护管控体系作出了积极贡献。随着国家对文物保护工作的不断重视，除了强调对历史遗产的刚性管控外，还提出"挖掘遗产价值，进行有效利用，让文物活起来"的更高要求。在此背景下，中心努力打造精品历史街区，全程主导了昙华林、中山大道历史文化街区保护和更新工作，成为武汉市历史遗产保护和活化利用的成功案例。

1.2 挖掘价值，匠心修缮历史空间激活昙华林

昙华林作为武汉市五片历史文化街区之一，是典型近代里分型街区，孕育了革命文化、教育文化、艺术文化、民俗文化等特色文化，被誉为武昌城历史文化活化石。随着后来人口不断集聚，基础设施的过载以及商业的无序发展，街区保护与发展的矛盾日益突出。如何有效指导街区保护和建设，在保护好街区历史文脉的同时，让街区焕发新的生命，成为中心历史保护团队近20年的孜孜追求。

2004年，中心主持了昙华林第一轮保护规划的编制，2005~2013年，武昌区政府以"点（修缮历史建筑、增加公共空间）—线（整治街道环境、打通历史街巷）"结合的方式分期开展了改造工程，街区风貌得到一定改善，成为初具特色的文艺青年网红街。2014年，为进一步改善瑞典教区旧址等优秀历史建筑生存环境，中心策划了昙华林历史文化街区核心区启动片项目，以3.7hm²范围为试点，通过高质量设计、高标准修缮和高品质利用，推动街区保护与复兴。

强化竖向设计，塑造依山就势、立体流动的场所空间。少量拆迁、改造占压螃蟹岬山体的现代建筑，修复山体景观格局，挖掘历史印记，打造武昌古城遗址文化公园。结合地形高差和台阶陡坎，渐进式打造雕塑公园、昙华剧场、半山小径、昙华青年广场等公共空间，增加公共艺术装置和景观小品，塑造高品质文艺公共空间形象。注重街区无障碍设计，创新性引入小火车、高架步道、电动小巴等特色交通方式，营造山地趣味空间体验。

匠心整治80%以上现有建筑，还原街区特有历史氛围。调研查找历史建筑原设计图纸和历史资料，以此为设计依据进行修缮复原。按照考古的方法，剥离历史建筑周遭的违建、加建，还原墙体、门窗及地面结构。按照可逆、可识别的原则，采取局部修补、挖补的办法处理历史建筑缺损部位，尽量保持原貌。保护并利用老台阶、旧挡墙、古树名木等历史环境要素，充分彰显场所的历史印记。采取多种整治改造方式，对保留建筑立面材质、屋顶形式、开窗比例、门窗细节等进行推敲设计，塑造新旧融合、多样统一的建筑风貌。

结合历史文脉植入新业态，让历史遗产活起来。立足街区深厚的历史文化底蕴，整合片区湖北美术学院、湖北省中医药大学、非物质文化遗产传承人等特色文化资源，促进文创产业多元化发展。活化利用历史建筑，引入艺术创作、文化展示、创意零售、酒吧书店等新功能，重点打造昙华林当代艺术中心、昙华林剧场、非物质文化体验馆、美术馆等一批亮点文化体验型项目，提升街区历史文化体验感和产业活力。挖掘武昌古城城墙历史元素，结合山顶建筑改造打造城墙博物馆，建立昙华林新文化地标。设计山地文化及多元文化建筑体验之旅、历史传奇人物故事及其故居体验之旅和人文艺术体验之旅3条特色文化体验线路，串联历史建筑、亮点公共空间和节点，重拾街区历史记忆。

昙华林逐渐回归城市焦点，离不开共同缔造及保护、修缮、运营、治理并举的工作理念。以中心为技术统筹的策划、规划、建筑、景观、市政多专业规划设计平台，以大学生设计竞赛、国际场所营造周、规划进社区等多种形式的公众参与，以区级国资文旅集团为核心的建设、运营主体，以景区、街区、社区"三区"融合的多主体协商机制，从多维度层面保障了规划设计方案的有序落地、实施不走样，产业运营和社区发展相协调。

1.3 老街新生，复兴公共空间重塑中山大道

中山大道原址为汉口堡城墙，其前身为1907年拆除城墙后建设的后城马路。历经1个多世纪的发展，中山大道沿线商圈云集、公馆洋行林立，遍布150余处历史文化资源……它承载着汉口百年岁月的沧桑与变化，蕴含着大武汉的商业文化基因与历史人文印记。但随着岁月变迁，中山大道承担了大量的汉口区域南北向过境交通，人车混行，交通秩序混乱，商业活力、人文特色及街道环境均有不足。

2014年，以地铁6号线中山大道路段封闭施工为契机，中心主持了中山大道街区复兴规划，在完成整体规划编制工作的基础上，组建技术服务团队持续参与跟踪中山大道工程设计、改造施工各阶段，推进中山大道改造升级，实现"复兴城市公共空间，焕发百年商街活力"的目标。

注重公交和慢行空间设计，营造交往型街道。以步行优先、公共交通主导的思路重新划分街道空间路权，在保障公共交通的基础上压缩机动车道及宽度，提高步行空间比例，增设自行车道。结合历史建筑和传统街区的整体空间设计，增加林荫道、中央绿岛、休闲广场、街头小游园等多样化公共空间，为市民提供驻足休憩、健身交流、街头艺术表演、特色展览等活动场所。以"共享街道"的理念，通过精细化的人行道空间、街道转角空间、无障碍设施、过街设施等设计创造适合步行的安全的街道环境。

注重历史建筑保护利用，焕发老街商业活力。按照"整体性、真实性、延续性、最小干预以及可逆性"五大原则，"一栋一册"从立面屋顶、灯光照明、广告招牌等方面开展历史建筑保护修缮，并采取"首席专家制度"，以

专家认领的方式对修缮方案编制、现场施工、竣工验收进行全过程指导。结合规划定位及市场需求，通过腾退、置换、升级等多种措施对沿线优秀里分、洋行公馆等不同功能历史建筑进行改造。对政府所有产权且目前空置或运营状况不佳的历史建筑，重点引入老字号及文化、休闲旅游类业态，强化街区独特性，激发街区活力。

注重最大化保留原有居民，增强社区的包容性。中山大道沿线社区以整治改造为主，拆除重建比例控制在20%以内，重点关注传统住区的环境提升与设施完善，最大限度保留原有居民。结合微改造、城市更新等多种方式，强调"窄马路，小街坊"的住区单元，增加对外联系的沿街界面，重塑沿街住宅底层空间，完善邻里绿地和连续的步行系统，打造多功能公共中心，为周边社区提供文化、教育、医疗、社会福利等配套服务。利用历史建筑及周边小微空间的改造，提供多元的交往空间和就业平台，鼓励本区新旧居民参与街区沿街商铺经营，形成共享型社区服务空间。

中山大道街区复兴规划以公共空间为关注点，打破以车为本，将以人为本的交通理念落实到街道空间改造，是武汉市第一条将城市公共生活与街道空间有机融合的街道。在规划进展中，联合区政府多次举办"规划进社区"活动，广泛征询市民建议，充分保证沿线社区居民的知情权与参与权。开创了政府统筹，多部门、多机构、多主体全过程沟通协调机制的先河。开街后，市民惊喜地发现中山大道从"大马路"变成了生活街道，38处老建筑、17家老字号都回归了，街道变绿了，步道加宽了，广场增多了，换乘方便了，广告清爽了，建筑更靓了，人们可以悠闲地探寻具有时尚活力的百年老店，可以畅快地闲逛绿树成荫的艺术市场。

历史保护，任重道远。中心长期耕耘历史保护与规划实施，以保护规划为核心，探索了保护规划编制和管理相结合的工作思路，培养了一批批保护工作团队。以实施性规划为抓手，将历史文化街区保护与有机更新相结合。近二十载的保护历程，是一首历史街区文脉保护与活化传承的协奏曲，中心重点参与的昙华林、中山大道这两个项目已成为武汉网红文化地标，焕发出新的生机。

2020年昙华林由市级历史文化街区升级为省级历史文化街区，街区创新活力得到明显提升，街区民生环境也得到显著改善，促进了昙华林社区、博雅社工、商户联盟等多方议事协商平台成立，提升了街区现代化治理能力。偏安一隅的"山城小镇"——昙华林成为打卡、看展、哆天、漫步的创新空间，市民和游客在这里可以尽情领略历史与文化、时尚与艺术。

从深度的遗产价值挖掘出发，辅以广泛而深入的公众参与，让中山大道历史街道复兴城市公共空间成功塑造了城市文化品牌，并成功获选联合国人居署《城市与区域规划国际准则》的全球实践示范项目，作为案例在第三届联合国住房和可持续城市发展大会上向全世界推广。

"夫源远者流长，根深者枝茂。"武汉深厚的历史文化底蕴，是这座大城市文化自信的强大底气。坚持应保尽保，以用促保，坚持以遗产价值推动城市功能、民生、风貌提升，赋予历史文化更富创意的"打开方式"，让遗产活起来，让历史文化保护成果更多惠及市民大众，传承历史和文化的记忆，文化保护才能真正共赢互惠、泽被后人。

2 代表项目

▌中山大道街区复兴规划

编制完成时间： 2015 年
获 奖 情 况： 2016 年国际城市与区域规划师学会（ISOCARP）规划卓越优秀奖

项目背景

　　武汉中山大道始建于1906年，历经一个世纪的繁华盛景，蕴含着大武汉的商业文化基因与人文印记，随着岁月变迁，其人文特色、商业氛围、街道环境难以彰显这条百年老街的独特魅力。2014年，以地铁6号线建设为契机，武汉市委、市政府提出对中山大道（一元路至武胜路）进行综合改造，以"历史轮回、再现繁华、彰显底蕴、服务民生"为目标，实现中山大道华丽转身。中心联合伍德佳帕塔设计咨询（上海）有限公司、武汉市规划研究院完成了《中山大道街区复兴规划》编制工作，并全程参与了项目工程设计与改造施工。

美术馆节点规划鸟瞰实景

中山大道六渡桥街景

中山大道南洋烟草大楼前街景

主要内容

规划秉承"以人为本，生活因街道更美好"的理念，旨在将中山大道打造为宜游宜行、感悟历史、体验生活的文化旅游街道，使之成为带动汉口老城街区质量和社会凝聚力提升的纽带。

一是构建安全的街道。建设公交街道，重新划分街道路权，结合分段特色差异化改造道路断面，将步行交通和公共交通排在首位，还市民一个步行连续的街道空间。

二是打造绿色的街道。强调连续的绿色街道界面，打造十里绿廊，大量减少硬质路面，增加绿植和软质铺地，调节城市局部热岛效应。

三是塑造活力的街道。重点打造美术馆广场、水塔艺术市场、梧桐林荫道等公共节点，提供多元交往空间。引入老字号及文化休闲类业态，引导沿街业态升级，激发街区活力。

四是建设包容的街道。沿线社区以整治改造为主，留住原住居民。通过历史建筑及小微空间改造，改善历史街区环境，打造共享型社区服务空间。

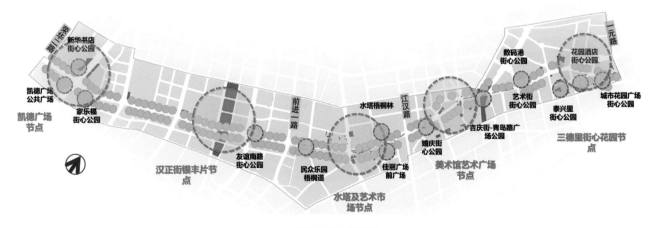

公共景观节点规划图

五是创新可持续的实施机制。此项规划工作是武汉"参与式规划"的一次新尝试，产业策划、建筑、园林、交通、市政等多方力量全过程参与规划实施。规划过程中建立了首席专家制度，遴选11名本地历史建筑保护领域专家，全程跟进开展沿线38栋历史建筑保护修缮工作，恢复老建筑活力；采取了社区路演、公众平台推广等宣传方式，全面实现公众参与。

实施成效

中山大道于2016年12月重新开街，从规划到落地历时3年，实现了对沿线四大节点、街道空间、市政管线、老旧社区、百余栋老建筑的整体改造，吸引了近20家老字号入驻，开街期间日均游客流量破10万人次。作为老城更新的新范式，该项目获得了国际城市与区域规划师学会ISOCARP规划卓越优秀奖，并成为联合国人居署专家组会议的优秀实践项目之一，向世界展现武汉城市规划与建设的"以人为本"理念与成效。

中山大道民众乐园段街景

中山大道与南京路交叉口街景

昙华林历史文化街区保护及提升规划

编制完成时间： 2018 年

获 奖 情 况： 2021 年度全国优秀城乡规划设计奖三等奖

项目背景

"瞿昙有华，居士之林"。昙华林历史文化街区位于武汉市武昌古城东北角，原为明洪武四年（公元1371年）武昌城扩建定型后逐渐形成的一条老街区，螃蟹岬、花园山、凤凰山三山环抱，60余处历史建筑依山而建，较为完整反映了武汉开埠以来的文化历程，形成了中西合璧、山城交融的独特城市风貌，汇聚了民俗、革命、教育、艺术等多元文化，孕育了理性开放、敢为人先的武昌精神，被誉为武昌古城之根、武汉近代历史的缩影。2004年，中心编制了街区首轮保护规划，在此基础上，联合伍德佳帕塔设计咨询（上海）有限公司、北京清华同衡规划设计研究院有限公司、湖北美术学院等单位承担了核心区启动片、昙华林正街等保护提升规划设计工作，持续推动了街区文脉保护、风貌修复和功能改善，让街区不断焕发新的活力。

主要内容

规划以延续历史文脉、促进街区新生为理念，坚持"保护优先、顺应高差、活化利用、共同缔造"十六字方针，创新性地将历史遗产与公共空间相结合，一体化设计街区建筑、景观、交通和业态，重新定义场所公共文化价值，让历史遗产被看见、被利用、被共享、被传承，助推昙华林文化交流功能的恢复和发展。

一是坚持价值挖掘、保护优先。注重现场调研，充分挖掘街区"特色山城小镇、深厚历史氛围、浓郁艺术氛围、惬意邻里休闲"四大核心价值特色，构建昙华林历史文化街区保护框架；针对街区现状保护和建设特征，因势利导分片区开展保护更新规划。

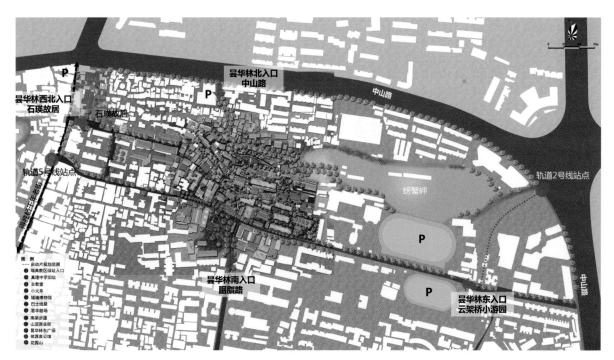

规划总平面图

二是坚持文脉修复、精细设计。按照"保持遗产原真性、公共利益最大化、活态传承"的思路开展街区改造设计，分类整治现有建筑，还原片区特有历史氛围；结合地形高差和历史环境要素，以场所营造的理念，塑造建筑、景观、地貌和交通多维融合的场所空间；立足街区深厚的艺术文化底蕴，植入文创、艺术、商业多元混合新业态，让历史文化遗产真正活起来。

三是坚持公众参与、创新开放。中心作为规划设计平台，联合策划、规划、建筑、景观、市政等多专业团队，在推动规划编制和管理一体化、遗产保护和利用相促进、公众参与和社区营造等方面提出系统性解决方案。

实施成效

在规划指导下，通过核心区保护修缮、街巷综合整治以及老旧小区改造等渐进性保护更新，八成以上街区原有建筑得到适应性改造利用，街区风貌格局、功能活力和民生环境得到明显提升。2020年，昙华林升级为湖北省历史文化街区；2021年，昙华林成功入选首批湖北省旅游休闲街区；2022年，昙华林入选湖北省最美公共文化空间优秀案例；2023年，昙华林入选国家级旅游休闲街区。

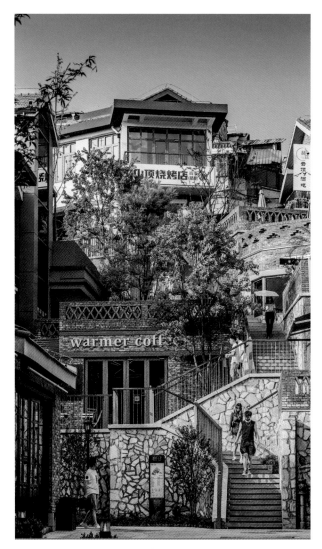

昙华林半山小径实景

昙华林瑞典教区旧址实景

山顶烧烤店
营顶酒吧

昙华林核心区实景

武汉市江汉路步行街环境品质提升规划

编制完成时间： 2019 年

获 奖 情 况： 2022 年国际风景园林师联合会亚非中东地区风景园林奖（IFLA AAPME）荣誉奖；
2021 年度中国风景园林学会科学技术奖（规划设计奖）二等奖

项目背景

江汉路步行街作为闻名全国的百年商业老街之一，曾经是武汉的开放窗口，时尚风向标，享有"天下第一步行街"的美誉。2018年，江汉路步行街成为商务部提出的全国第一批步行街改造提升试点。围绕"闻名世界，示范全国，代表武汉"的江汉路步行街品质提升工作目标，中心联合中国城市规划设计研究院共同开展《武汉市江汉路步行街环境品质提升规划》的编制工作。

主要内容

转变历史街区既有的静态目标型规划思路，该规划搭建了"系统评估—总体规划—专项设计—建设实施—实施后评估"五阶段、一体化的规划编制与实施框架。

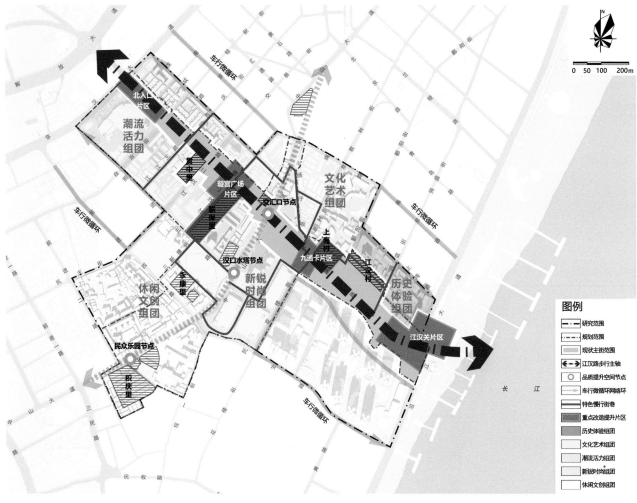

江汉路步行街规划空间结构图

江汉关大楼

清洗建筑立面，净化立面；2.修补立面破损处；3.绿化阳台

02 盐务管理局

1. 拆除墙面原有构件
2. 更换首层门头样式
3. 干挂浅灰色和深灰色石材
4. 加装米黄色窗套
5. 增加宝瓶柱阳台

03 中国工商银行

1. 清洗建筑立面
2. 修补立面破损处

定位索引

中国金币

拆除墙身广告，米黄色，灰白色石材重做建筑立面
拆除底层门头、店招，统一设计安装
拆除屋顶广告架、私搭乱建、杂物等，修补重做屋顶
整改空调外挂机位置，统一安装空调机罩

05 台湾银行

1. 清洗建筑立面
2. 修补立面破损处

06 Y:2

1. 清洗建筑立面
2. 店招予以保留

卓诗尼

面喷涂米黄，灰色真石漆
拆除遮挡二层建筑的店招
商拆除门头与店招，统一设计安装
窗间墙位置增加百叶
一增加空调外机机罩，整改空调外机安放位置
拆除屋顶搭建、杂物，修补重做筑屋顶

08 新江汉城

1. 清洗建筑立面，原材料修补破损处
2. 拆除底层商业门头、店招及新江汉城招牌，统一设计安装
3. 拆除二层标识
4. 统一设计安装阳台护栏，增加阳台绿化
5. 清除屋顶搭建、杂物，修补重做筑屋顶

09 KM

1. 灰蓝色系、米白色系真石漆对原建筑立面进行修补
2. 拆除遮挡建筑二层立面的店招
3. 统一增加空调外机机罩
4. 底商拆除门头与店招，统一设计安装
5. 清除屋顶搭建、杂物，修补重做筑屋顶

图例
保留类建筑
整治类建筑
修缮类建筑
重点改造建筑

江汉路步行街南段建筑风貌提升细则

提升后江汉路步行街实景1

提升后江汉路步行街实景2

一是深度诠释唯一性。规划通过解析江汉路步行街区位的唯一、地位的唯一、文化的唯一和空间的唯一，诠释了武汉市建设"第一步行街"的总体要求，定位其为武汉长江纵轴，卓越滨江魅力空间；武汉首街，中国知名城市体验街区。

二是对标对表找差距。从区位、街道发展质量、街道产业发展水平、街区发育水平、街道公共空间质量、街道环境质量评估、街区外部交通支撑环境、公众认知度、街区运营管理水平九大方向对江汉路现状发展水平进行全面评估。

三是创新了文化特征引领下的产业与空间"双转型"的历史街区改造模式。在凸显江汉路历史文化特征、武汉地域文化特色的要求引领下，以"传承经典，自信创新"为目标，以多元化、品质化、访客化的客群为对象，以"文化+商业服务/旅游观光/创意体验"产业为核心，通过塑造江汉关与璇宫广场等高品质场所、活化历史建筑和特色里分、打造特色慢行街巷，整体实现产业从单一零售到文旅商融合的转型、空间从商业街道到慢行街区的转型。

四是制定了专项技术导则和实施项目库。对接区级管理部门，建立了交通、建筑、街道、夜景、服务创新等系列专项导则，分阶段明确了实施项目库，搭建了考核评估机制，切实保障了规划的有序实施和高效反馈，推动了历史街区的产城人融合发展和品质提升。

实施成效

规划成果为江汉路步行街改造实施指明了方向。2020年4～10月，江汉路步行街实施封闭改造，提升后的江汉路街景升级、夜景升级、潮流首店汇聚、智慧场景运用，百年老街实现了历史文化与时尚相融，焕发新生。

提升后江汉路步行街实景1

提升后江汉路步行街实景2

武昌古城保护提升综合规划

编制完成时间： 2020 年

获 奖 情 况： 2021 年度湖北省优秀城乡规划设计奖二等奖

项目背景

　　武昌古城依山傍江，拥有1800多年历史沉淀和文化积累，是武汉市四大历史城区之一，保存了较为完整的空间格局，汇聚了首义文化、民俗文化、学府文化等多元特色文化。规划范围以原武昌明城墙范围为主体，用地面积约7.7km²。随着民国时期武昌城垣拆除、城市变迁和人口聚集，区域面临着古城意向模糊、山水营城格局不显、基础设施落后等多重现实问题。自2013年起，针对蛇山南北地区发展不均衡、古城历史文脉彰显不充分等问题，为进一步明晰武昌古城发展目标和路径、产业定位和布局、更新重点和计划，在中心联合仲量联行开展整体功能策划、联合北京清华同衡规划设计研究院有限公司开展蛇山以北地区保护提升规划等基础上，完成了《武昌古城保护提升综合规划》编制工作。

图 例

--- 武昌古城规划范围

01 武汉长江大桥
02 黄鹤楼
03 蛇山
04 辛亥革命武昌起义纪念馆
05 辛亥革命博物馆
06 紫阳公园
07 起义门

08 武胜门遗址公园
09 得胜桥千年古轴
10 经心书院旧址
11 武汉农民运动讲习所旧址
12 毛泽东同志旧居
13 中共五大会址
14 昙华林历史文化街区
15 户部巷

规划总平面图

紫阳公园实景

主要内容

规划以武昌历史城区为对象，立足区域文化特色价值，以古城格局风貌修复彰显、历史遗产活化利用、人居环境品质改善为目标，以亮点空间和历史路径营造为特色，以产业功能和公共设施系统更新为抓手，系统性谋划古城整体保护与发展。

一是坚持目标和问题双导向，锁定古城总体发展目标。聚焦古城资源禀赋和现状问题，提出唤醒古城历史记忆、文化根脉与城市荣耀，赋能古城旅游功能、产业功能与城市功能的发展策略。以"文化立城"为核心，推动中国传统文化和当代艺术文化两大古城文化产业化，提出"千年历史沉淀与山江际会格局相辉映、人文活态传承与艺术文旅创新相融合的江南山水名城"的总体定位和"培基固本——文化创意的土壤""复旧鼎新——大成武汉的窗口""因势利导——创新思潮的前沿"三大发展愿景。

二是立足古城特色价值挖掘，建立保护提升总体框架。从历史沿革、现状调研出发，提炼山江际会的山水园林城市体现地、继承中枢的传统风貌城市核心地、昌盛市井的传统城市生活发生地、启蒙革新的教育革命文化中心四大特色价值及其承载的保护要素。按照"长远控制更新机会，近期寻找城市事件"的思路，梳理全域资源保护利用方式和更新重点。围绕古城"一纵三横"特色空间结构提出城市风貌、建筑高度、公共空间、用地布局、道路交通、公服配套等专项支撑方案。

三是建立实施项目清单，推动古城保护更新有序开展。结合不同阶段古城发展规划和城建计划，按照"立足保护、突出特色、服务民生、贴近实施"的原则，提出旧城更新开发、老旧小区改造、房地产开发、景观整治、公共服务设施、市政设施六大类实施项目库，以项目清单为抓手，以文化复兴带动经济振兴，以点带线，连线成片，推进产城融合，焕发古城新生。

实施成效

在系列规划指导下，武昌古城保护发展进入了快车道，推动了得胜桥千年古轴、东西城壕、斗级营、蛇山北坡等重点项目规划实施，凸显了古城格局风貌；推动了蛇山、凤凰山、紫阳湖等山水资源修复利用，夯实了古城山水营城的生态格局；推动了昙华林启动片、武昌湾片等重点片区城市更新，提升了古城文化产业活力；推动了戈甲营、常平仓等老旧社区改造，改善了古城居民生活环境；推进了城市轨道5号线、和平大道南延线等重大交通设施建设，提升了古城交通服务水平。

凤凰山片规划效果图

蛇山北坡鼓楼洞节点规划效果图

得胜桥千年古轴北门户规划效果图

斗级营中心广场规划效果图

武昌区得胜桥千年古轴整治提升综合规划

编制完成时间： 2021 年
获 奖 情 况： 2023 年度湖北省优秀城乡规划设计奖一等奖

项目背景

得胜桥片区位于武昌古城蛇山以北，北至古城唯一北门——武胜门，南抵城市文化地标——黄鹤楼，南北长约1.2km，是武昌城区保留的为数不多的小尺度肌理街区，也是城市主干道和平大道南延线、地铁5号线两大工程建设区间。为对接城建工程，明确片区更新思路，2017年，中心联合北京清华同衡规划设计研究院有限公司开展了《得胜桥千年古轴整治提升系列工程综合规划》编制工作。

主要内容

武昌老城中心的小尺度肌理片区是否有保留价值，采用何种更新方式，如何协调与城建工程的关系是此次规划的核心问题。规划围绕"价值引领——特色保护利用空间优先重点布局""整体格局肌理完整保护传承""统筹传导，有效协同建筑与景观工程落实"的工作思路展开。

一是审慎判别地段价值，引领规划核心，影响重大决策。从武汉历史文化名城价值到武昌古城建城脉络再到设计地段多维度价值认知，提炼得胜桥片区是武汉市建城格局留存最悠久、武昌古城格局结构性要素的核心结论，指引后续规划走向；构建由千年古轴、城门城垣城壕、蛇山螃蟹岬等重要山体、片区内的历史街巷、建（构）筑物等共同构成的保护传承资源要素体系，作为设计支撑；通过千年古轴作为武汉最悠久的建城格局特色的认知与保留论证，促成和平大道南延线由地面征迁拓宽方案调整为下穿隧道方案，保护延续千年古轴；通过历史地图叠加等方式预判武胜门及瓮城位置、形式，促成地铁站点开挖前的重大考古发现，保障遗址安全。

得胜桥老街规划效果图

二是运用多元综合手法，实现千年古城要素的保护传承。保护传承得胜桥中轴传统空间，重新整理螃蟹岬—城垣—城壕—城门的标志性古城边界，通过景观手法，融入新的城市建设；采用"保改拆"精细化更新方式，"一栋一策"开展建筑适应性改造设计，传承不断累积演进的百年多元风貌；提升文化展示，强化文创、文旅和商业特色，补齐生活服务配套，延续老街烟火气。

三是推动遗产开放共享，紧紧围绕价值特色要素布局城市公共活力空间。千年古轴重塑，形成直抵黄鹤楼的1.2km公共文化休闲廊道；城垣意向再现，塑造带状

黄鹤楼北望得胜桥千年古轴规划效果图

规划总平面图

图 例
01 武胜门遗址公园
02 凤凰山公园
03 石瑛故居
04 湖北省实验中学（贡院旧址）
05 戈甲营
06 恽代英故居
07 文华中学
08 圣救世主堂
09 经心书院博物馆
10 黄鹤楼
11 武汉长江大桥
12 蛇山

规划鸟瞰图

城市绿色休闲活力带；文化展示、主题广场等多个城市公共活力节点，呈现丰富饱满武昌故事。

四是从宏观到微观，规划平台全过程统筹协调实施推动。以中心为核心的规划设计技术平台，全过程参与策划招商、规划设计和各类工程建设，确保规划传导与实施，引导更新目标有序落实。

实施成效

在该规划的指导下，地铁5号线、和平大道南延线隧道两大城建工程建成通车，武胜门遗址考古形成重大发现，核心片区房屋征收腾退工作基本完成，经心书院节点保留建筑修缮工程正在有序开展。

经心书院节点规划鸟瞰图

经心书院规划效果图

新洲区石骨山村保护与改造规划

编制完成时间： 2016 年

获 奖 情 况： 2017 年度湖北省优秀城乡规划设计奖三等奖

项目背景

为响应武汉市委、市政府加强历史文化名村保护号召，深入挖掘武汉市村镇特色风貌和文化内涵，2015年，中心承担了《新洲区石骨山村保护与改造规划》，并同步编制石骨山村历史文化名村申报文件。

主要内容

新洲区凤凰镇石骨山村是湖北地区保存最为完整、规模最大的公社新村。规划以历史资源保护为基础，以环境改善和提升为核心，以提升村民保护自主性为手段，提出动态的保护与发展建议，促进历史文化名村保护与美丽乡村建设相结合。

一是构建网络化的历史资源保护框架。通过收集整理资料、专家访谈、实地调查、无人机摄影等多种方法，详尽地挖掘了石骨山村历史价值与资源，重点关注时代背景对村落格局的内在影响。基于此，明确了"核心保护区—建设控制地带—环境协调区"三级保护层次，划定了村内各类文物的保护范围，确定了24项亟待

石骨山村石屋民居

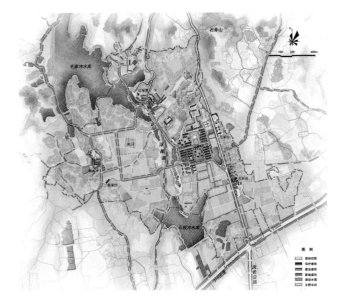

石骨山村规划总平面图

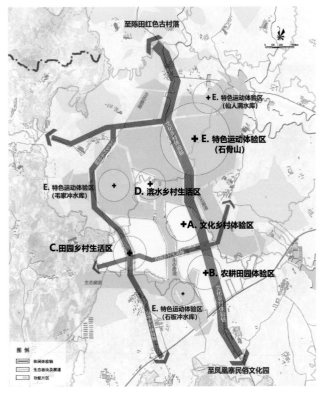

石骨山村村景联动结构示意图

保护的历史文化要素，最大限度保护石骨山村生态与文化共存的特色，并提出相应的保护与管理措施。

二是探索可循环的保护式发展路径。规划以"区域联动"为原则，提出以石骨山村及周边山水资源为核心，形成"以核带片、一片带N村"格局，并融入凤凰镇特色乡村游生态圈。以资源活化为目标，促进文化活化、农业活化、景观活化。以"三生融合"为导向，结合产业引导实现农村劳动力的就地转化，引导村庄聚落向小组团及生态化发展，引导村湾民居生活空间向适应产业变革的模式发展。

三是研究可持续的实施与保障机制。在乡村改造政策专题研究基础上，提出适应村庄自治、村民参与的规划分期引导，保护和利用清单等实施措施。重点在于提升村庄整体基础设施和公共服务水平，促进村民增收致富，进而促进村民自发保护的意识，增强自我保护的动力，构筑村庄保护的常态化机制，实现"保护—发展—保护"的良性循环。

实施成效

规划为沉淀在历史长河中的石骨山村构建了公众认知基础，在此基础上，腾讯网、武汉文明网等媒体多次宣传报道了石骨山村的历史价值与诗意风景，有效推动了石骨山村历史文化保护进程。2018年1月，石骨山村正式入选武汉市政府公布的第一批武汉市历史文化名村。

石骨山村老建筑典型元素

▎湖北省明楚王墓考古遗址公园实施性规划

编制完成时间： 2022 年
获 奖 情 况： 2023 年度湖北省优秀城乡规划设计奖三等奖

项目背景

湖北省明楚王墓考古遗址公园位于武汉东湖新技术开发区的龙泉山风景区。明朝两百余年间，昭、庄、宪、康、靖、端、愍、恭、贺八代九位楚王相继在此地修建陵墓，与北京十三陵遥相呼应，形成了"北有十三陵，南有九王寝"之格局，是武汉市唯一一处国家级古墓葬遗址，是现存保存最完整的明藩王墓葬群之一。为进一步加强遗址保护与活化利用，推进国家级考古遗址公园申创，向世界彰显中华优秀传统文化魅力，我中心开展了《湖北省明楚王墓考古遗址公园实施性规划》编制工作。

主要内容

规划设计在对区域历史文献、考古资料、风俗文化、自然山水格局以及区域发展深度挖掘分析的基础上，提炼出基地"山、水、人文、茔园"四大核心要素，遵循保护遗址为前提，考古科研为支撑，遗址活化利用为目的的"遗址公园+"理念，实施"顺山、理水、护陵、兴文"四大设计策略，营造"庄重怀古"的整体景观基调、制定"明代主题"的建筑风貌指引，建立"博物馆+遗址现场+辅助设施+辅助活动"等多样展示体系，设置"主题游园、农耕景观、人文景点"等丰富体验环境，统筹"水陆空一体化"区域交通组织等系统性设计要素，最终形成"一环、一带、九寝、十二景"的特色空间格局，以此描绘公园未来蓝图，将考古遗址公园保护利用融入区域经济社会发展，融入现代生活。

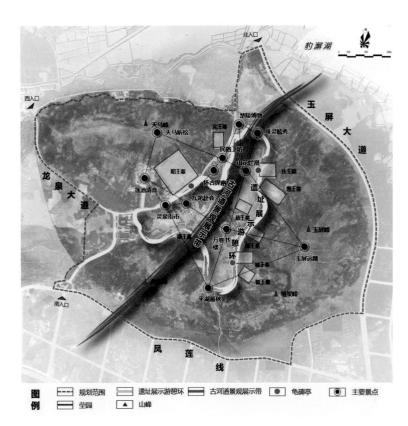

空间景观格局图

实施成效

规划成果已获武汉东湖新技术开发区管理委员会批复，助力明楚王墓考古遗址公园成功入选第四批国家考古遗址公园立项名单。同时，在该实施性规划的指导下，明楚王墓考古遗址公园博物馆及游客中心顺利完成规划选址和方案征集工作，公园建设已开启序幕。

古河道文化长廊规划效果图

憨王墓规划效果图

百里历史人文绿道规划效果图

明楚王墓考古遗址公园规划鸟瞰图

▍西藏山南市泽当历史城区贡布路以南片保护与更新规划

编制完成时间： 2020 年

获 奖 情 况： 2021 年度湖北省优秀城乡规划设计奖三等奖

项目背景

该项目位于西藏自治区南部山南市乃东区泽当镇贡布路以南，用地面积约26hm²，为山南市城市总体规划确定的历史城区组成片区之一。区域历史传承悠久，文化底蕴深厚，传统格局完整，是藏源文化"四个第一"的发源地。片区早期是游牧民围绕寺庙建立的居民聚集点，逐步形成了以农牧产品、手工作坊和商业为主的城镇空间，具有典型的"以庙兴镇"的城市格局和风貌。但在城市快速发展过程中，片区面临着"物质空间衰败、风貌特征消失、城区活力不足"等问题，使得片区逐渐失去自身的可识别性与独特性，历史风貌和传统文化面临着保护与发展的挑战，保护性更新迫在眉睫。为进一步保护和活化藏族地区传统历史遗产，中心开展了本次保护与更新规划编制工作。

主要内容

规划以文脉为抓手，以"活态化"有机更新为出发点，突出"藏族传统临山环寺庙型城镇"特点，从藏族地区传统城镇的整体保护、重要历史节点的串联活化、院落单元的重点修复、文化遗产的活化利用等方面提出保护更新策略，探寻藏地传统城镇保护更新的新路径。

一是建构了藏地传统聚落空间"传统文脉+空间环境"相结合的保护与利用范式。通过梳理泽当历史城区整体发展变迁过程，解读出泽当老城是典型的"从属于藏传佛教寺院的临山传统城镇聚落"的结构原型。基于对藏地传统城镇"形态基因"的解读，规划延续了历史城区传统以寺庙为中心向周边衍生发展的空间肌理，保留原有的特色街巷空间，规划一条连续的慢行路径，满足旅游、宗教活动等特色需求。同时在不改变传统环境特征的前提下，充分保留视线通廊、景观节点，严格控制建筑高度、体量等，为后续保护更新规划提供了技术支撑。

二是探索了藏地历史城区"静态保护+活态利用"有机融合的模式。规划在保护历史城区传统建筑、空间格局及肌理特征的静态化保护基础上，通过深入挖掘非物质文化遗存、传统产业，如节庆活动、转经古道、神话传说、饮食特产、手工艺品等，植入传统手工作坊、商肆店铺等功能，延续街市纵横、前店后居的城区空间格局，同时建议将经营权给有实力、经验的旅游企业及原有居民，通过消费驱动，促进文化休闲产业汇聚。在实现文化遗产保护的同时，全面实现居民脱贫和产业复兴，走出一条符合西藏实际的高质量发展之路。

三是提出了旧城更新改造"管理导则+风貌指引"的管控方式。通过全方位的价值评估与文化资源调查，以实施为导向，使编制与管理、建设实施紧密结合。一方面通过对老城现状藏式传统建筑元素进行提炼，从建筑材质、色彩、高度、院落尺度、门窗形式等方面，提出了具体的建设控制及整治指引，以有效指导藏族民居的自建及更新改造活动；另一方面通过管理导则来提炼保护规划的核心管控内容，为政府实施管理提供技术准则。

规划鸟瞰图

实施成效

在本规划的指导下，当地政府已完成白日街至甘丹曲果林寺沿线传统民居建筑改造、道路修缮等相关工程，片区传统风貌逐渐还原改善。通过本次保护规划对泽当历史城区物质与非物质文化遗产的梳理挖掘，泽当凭借自身较高的历史文化价值，于2021年11月入选2021～2023年度"中国民间文化艺术之乡"名录。

街道整治效果图1

街道整治效果图2

节点整治效果图

整治改造范围：西起百日街，东至安曲寺。

整治改造内容：主要包括街巷沿线建筑立面整修、街巷地面铺装、公共步行空间挖掘及功能业态植入。

重要节点改造设计及效果图

导元素	详细设计指引
色彩	白色调为主，红、黑建筑细部，蓝绿色彩画
材料	砖混结构为主，木材为辅，外立面涂抹砂浆并拉毛，刻拱形传统图案
高度	主房2层，层高3.3m，配房高度为2.5m
尺度	主房开间为12m，进深为8m；配房开间为2.5m，进深为2.5m
尺度	院落面积为12m(宽)×10m(进深)
形式	门框、窗等采用塑钢或者铝合金材料，统一设置黑色边框，且门窗上为统一；设置装饰性巴苏，巴苏下方统一设置彩画

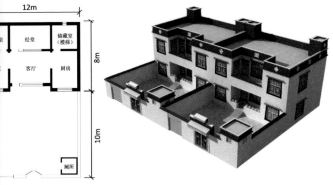

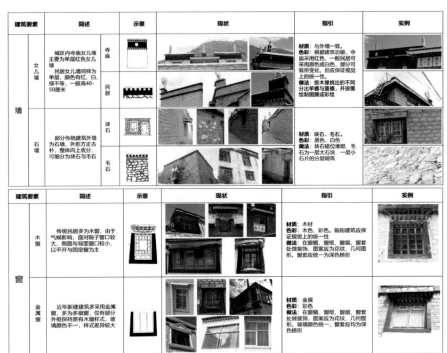

传统民居建筑风貌设计控制指引示意图

空间管控导则示意图

武汉市东湖风景区

与城市共生
武汉规划实施探索与实践

第八章

信息技术

推进国土空间规划智能化发展和应用

1 综述

信息化发展是当今时代发展的大趋势，代表着先进生产力。信息化在技术层面综合了多种技术方法，推动社会各个领域发生全面而深刻的变革。随着国土空间规划概念的日趋成熟，规划研究分析和信息化技术手段的结合日益密切，传统规划领域在以往工程设计技术底座的基础上，也亟待在新技术创新和运用方面不断探索。

顺应时代发展的趋势，中心于2016年专门设置信息部，定位于将信息技术手段作为国土空间规划升级引擎的技术支撑部门，全面推动中心在土地利用和空间规划信息化方面的建设和发展工作。

秉承成立初衷，一路勇往直前。如今，中心在国土空间信息化建设和发展方面，以城市量化研究为出发点，通过多源数据的融合与增值构建空间数学模型，模拟复杂城市系统，推动土地全生命周期管理和空间规划编制研究智能化，持续为行业管理、规划研究等工作提供数据支持和应用服务。

1.1 建体系，确立"三库、三平台、N应用、一保障"的发展框架

计算机技术的发展、互联网的普及、移动互联网的兴起、大数据价值的体现以及人工智能的崛起，共同推动信息技术飞速发展，使人们在感受变革带来的便利之余也有些应接不暇。

谋定而后动，厚积而薄发。中心在信息化建设起步阶段，面对风起云涌的信息化发展浪潮，并没有盲目追热或跟风，而是结合自身的专业特长和技术积淀，以强化数据、便捷应用为主要发力点，谋划信息化建设发展的顶层设计方案，确立了"三库、三平台、N应用、一保障"的总体框架，从而为中心信息化进入发展快车道输入导航坐标。

"三库"为信息化发展建设的核心，重点建设服务于国土空间规划的数据库、模型库、指标库；"三平台"为信息化成果的承载和展现形式，同步开发PC端、平板端、手机端的应用程序，实现各类型终端的无缝衔接；"N应用"为信息化应用的多维度、多角色覆盖，在土地利用和国土空间核心平台的基础上，衍生定制若干专业平台，扩展自身平台数据来源的同时，扩大在各个行业的影响力，实现"建用同步、以用促建"的发展目

标；"一保障"为信息化发展的基石，包括完善信息化管理机制、加大软硬件设备的投入、开展信息系统安全等级保护认证等方面。

1.2　重数据，建立"准确、及时、全面"的数据底盘

数据，是信息化建设的基石和生命。从之前的城市规划到城乡规划，再发展到如今的国土空间规划，所涉及和涵盖的要素对象不断扩充，加之城市作为一个复杂系统，自身运行也会不断产生和演变出大量数据信息。围绕规划管理和设计工作的主要逻辑动线，中心建立了"现状底图—规划蓝图—实施动图"的"多规融合"数据库结构，按照"准确、及时、全面"的原则推进数据库建设。

中心将数据的准确性放在首位，严把数据质量关，多管齐下提高数据准确性。首先对数据库结构进行梳理细化，根据规范标准对数据内涵进行明确定义，依据定义校核数据内容，并结合中心业务场景需求对部分数据内容进行扩充和完善，比如增加工作区划、所属城市功能区等字段信息，以便于数据后续运用；其次，研发数据图表一致性检查、图形边界冲突检查等模型工具，运用计算机技术提高数据自动化质检效率；再次，顺应互联网时代"共建、共享、共用"的理念，通过多终端分布式业务协同技术，将部分专业、行业数据如中小学现状教育资源、房屋征收进度等，按权限分配至各管理单位进行校核更新，进而全面、多维、高效提高数据准确程度。

建立数据分类动态更新维护机制，根据数据类型确定各项数据的更新周期和方式，全方位保障数据库的及时性。对于涉及管理审批的相关数据，充分发挥局属事业单位的优势，积极推动建立与武汉市自然资源和规划局审批平台共享数据接口，实现此类数据的实时更新；对于与市场联系紧密、暂无获取渠道的数据，如土地公开成交信息数据，由中心自行收集、规范并建库，在地块成交之后第一时间及时更新；对于变化频率较高、作为规划分析研究辅助的数据，如房产市场各类房价信息数据，按季度从互联网开放接口获取；对于变化频率较低、涉及数量较多的大数据，如人口、房屋建筑、卫星影像等信息数据，通过专项购买的方式以年度为单位进行整体更新。

按照分步走的思路，不断拓展数据来源渠道，逐步提高中心数据库的全面性。建立包括专项采购数据、互联网大数据、规划编制成果、行政审批数据和自主分析挖掘数据这五大方面的数据渠道体系。其中，通过专项采购数据和互联网大数据，在传统规划现状数据的基础上，补充和完善地形影像、人口信息、房屋建筑、房产市场（新房、二手房、租房的房价）、城市服务设施（POI）、企业工商等社会经济数据，夯实"现状底图"数据基础；通过整理、融合各层级、各专项的规划编制成果，形成体系完整、内容详尽的"规划蓝图"数据板块；通过行政审批数据规范建立了从新增建设用地报批至规划条件核实证明的国土规划管理全流程信息数据库，加之分析挖掘中心项目编制及科研成果形成的中心业务特色专项数据，如城市更新进度、土地储备实施监测等数据，共同构成贴近运用、动态变化的"实施动图"数据板块。截至2021年，中心已建成和维护的空间数据图层总数达400余个。

1.3　促应用，充分挖掘海量数据的潜在价值

建立了国土空间大数据库之后，面临的主要问题就是如何厘清海量数据之间的联系，建立各类数据之间的业务逻辑关联，提升数据查询统计效率，使海量数据产生融合并发生"化学反应"，从而深度挖掘出数据的潜在

价值，实现资料数据化向内容信息化的转变，优化用户对数据访问和调用的体验和感受。同时，中心在系统平台的功能研发和升级过程中，始终秉承从"用户视角"出发的理念，深入剖析使用者的需求，发现影响操作的"堵点""痛点"，不断扩展平台的应用领域，促进平台智能化水平提升。

应用层级一：支撑中心业务，深入挖掘数据价值

围绕中心项目编制和科研工作，从现状条件调研、数据比对分析、多方案结果模拟、数据模型运算等多个实际运用场景入手，分析梳理核心需求点，设计并建立各项功能模块的逻辑框图，明确参与计算的数据内容，研发出建筑综合统计、建筑容量测算、公共设施服务能力分析、人口分析、土地经济测算、土地利用变化监测、自定义地图打印等10余项功能模块，充分挖掘各项数据的应用价值，全面提升中心数据分析和运用的能力。

以建设用地利用监管为例，建设用地作为项目实施的载体，必须对其各个阶段的内容进行详细了解和分析。由于缺乏技术、资金和信息化标准的支撑，建设用地利用信息普遍存在碎片化、分散化和不完整等问题，项目组往往会在此环节耗费大量精力进行收集整理。中心基于全生命周期理念梳理土地资源要素之间的业务逻辑关联，提出了"一种基于GIS的土地全生命周期智慧监管方法"，利用信息技术手段实现以图管地、以图说地，通过图、文、表"三位一体"的表现方式和自适应的匹配规则，运用流动的数据在一个窗口页面中表达土地业务的流转过程，一次性展示用地在可研立项、土地管理"批征供用补查登"、规划管理、建筑工程管理和竣工验收五大阶段30余项数据，转变传统宗地代码索引方式为土地业务关联的查询模式，进而实现对土地利用全过程的智能监测和预警。该技术方法于2017年获得国家发明专利，也是中心在数据资源融合应用领域的一次成功创新。

应用层级二：服务各级政府，成为管理部门的智囊工具

以中心GIS平台为核心数据来源和技术支撑，其衍生的各专项系统在武汉市区各级政府、自然资源和城乡建设、发展改革、经济信息、土地储备交易等职能管理部门得到全面运用，成为各级管理部门日常工作中不可或缺的智能化工具。

以建设项目前期选址决策为例，需要综合考虑人口、土地、建筑、规划、产业、交通、生态等众多因素，在合理的资金使用和用地规模约束下，选择自然资源条件好、基础设施优、社会经济基础好的空间位置，其本质上是一个多目标空间优化问题。针对此问题，中心研究出了"一种基于土地储备实施监测模型的智能系统（模块）"，该系统（模块）运用分类多准则决策（MCDM）方法，通过自主研发的土地潜力挖掘模型，筛选建立土地储备供应项目库。而后，根据用户的需求维度建立项目选址指标体系，同时基于遗传选址算法和GIS选址算法获取符合用户需求的多维度用地数据结果，利用集对分析法对用地数据结果进行综合评价，从而比选出最接近用户需求维度的最优地块组合解。该技术方法于2022年获得国家发明专利，在武汉市工业经济云图、武汉市教育资源综合管理平台等专项系统中广泛运用，极大提升了土地节约集约利用、规划选址评估等专项分析工作的效率和智能化水平。

应用层级三：助力招商引资，推动资源要素市场化运作

为贯彻落实中央"六稳""六保"决策部署，加强用地保障、优化营商环境，中心基于自身土地资产经营方面积累的数据资源，运用大数据、云计算、移动互联网等技术，研发了集"线上看地、智能寻地、云端评估、实时洽谈"一体化的云平台——"汉地云"。

平台融合了云端看地技术、智能寻地技术和云端招商技术，并同步建立系统安全主动防护和异常监测智能预警体系。平台功能贯穿企业或建设单位看地、选地、评估、洽谈的土地招商推介全过程，通过混合遗传算法和用户大数据画像特征分析，针对不同群体分别定向推送对口优质地块，实现土地供需信息精准匹配，辅助企业科学决策，提升招商工作智能化水平，打造土地云招商新模式典范。平台于2020年4月8日在"武汉自然资源和规划"微信公众号向全社会开放，总体访问量突破50万次，平台成果及关键技术研究获得2021年全国地理信息科技进步奖一等奖。

中心在国土空间规划信息化方面的建设启动以来，如今已拥有具有独立知识产权的土地利用和空间规划平台，共获得2项国家发明专利、10份计算机软件著作权登记证书、12项省级及以上优秀项目或科技进步奖项，并荣获地理信息科技进步奖一等奖和地理信息产业工程金奖的双料全国冠军殊荣，走过了一段高速发展的信息化成长历程。围绕城市更新管理量身打造的城市更新信息系统，实现全市城市更新环节、平台、机制三方面的"有机统一"，推动全市城市更新向全生命周期智慧管理模式迈进；联合武汉市教育局、武汉市经济和信息化局研发的教育资源、工业经济等专项空间信息平台，实现专业领域资源的空间化管理，优化了城市公共资源配置，提升了资源统筹管理和分析评估能力；基于土地储备潜力数据库基础和关键技术研发的"汉地云"平台，成为武汉市实施城市发展的重要支撑性智能信息平台，受到社会各界的广泛关注和高度评价。

"如何科学规划"这个难题将一直挑战着每一位规划师。身处云计算、大数据、人工智能等新一代信息技术飞速发展的大环境下，未来中心将继续以信息化发展作为特色支撑板块，不断创新理念，持续加大投入，针对中心在机构改革之后承担的全民所有自然资源资产管理、国土空间用途管制、国土空间生态保护修复等方面的职责，也将进一步优化信息化总体框架，建立全域、全要素的自然资源大数据中心，从理论建模、技术创新、软硬件升级等方面整体推进信息平台升级，在自然资源立体监测、三维城市信息模型平台研发、生态保护修复工具等方面发力，为推进国土空间规划智能化再添新彩。

2 代表项目

▌武汉市土地招商云平台（"汉地云"）关键技术研究与应用

编制完成时间： 2021 年
获 奖 情 况： 2021 年度全国地理信息科技进步奖一等奖

项目背景

破解土地招商工作普遍面临的看地选地受阻、沟通洽谈难、信息更新不及时、安全保密差等难题，精准服务企业投资武汉，中心围绕保障土地市场供应等需求，组织研发了集"线上看地、智能寻地、云端评估、实时洽谈"等功能于一体的土地云端智能招商平台——武汉"汉地云"，切实保障产业用地供应、加快招商引资项目落地。

主要内容

围绕政府招商及企业用地需求，以"好用、管用、顶用"为原则，集成土地现状、规划、市场和政策等信息，主要成果由"三库四模块两体系"组成，"三库"即资源库、招商库、实施库，"四模块"即土地推介、智能寻地、政策手册、互动交流四大功能模块，"两体系"即实时安全防护体系和立体招商政务保障体系。项目亮点包括：一是提出一种非接触式云端土地智能招商模式，实现仿真可视化、评估智能化、推地个性化；二是构建一组土地储备潜力动态挖掘更新模型，实现"三库"数据的动态流转及土地招商信息实时更新；三是创建一套系统安全主动防护和异常监测智能预警体系，解决传统监测系统拓展维护不灵活、异常检测识别精度和效率低的难题，保障平台安全稳定运行。

实施成效

平台上线以来，累计访问量超过50万次，访客覆盖全国和海外28个国家（地区）。平台服务于各级政府、投资企业及社会公众等典型用户，搭建了政企之间"全天候"的互动沟通桥梁，优化了营商环境，助力土地市场"云重启"。

平台在华中地区首创"云"端供地选地模式，被《自然资源报》《长江日报》等媒体宣传报道10余次，进一步扩大武汉土地招商信息覆盖面，促进武汉土地云招商模式在行业内快速树立良好口碑。

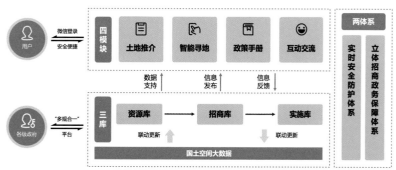

武汉市土地招商云平台总体框架图

武汉市土地招商云平台"三库"数据流转技术路线图

▌武汉市空间规划信息平台研发与应用

编制完成时间： 2019 年

获 奖 情 况： 2019 年度全国优秀城乡规划设计奖二等奖

项目背景

依托武汉市多年来"规土合一"的行政体制优势，顺应当前规划信息化、数字化、智能化的发展趋势，中心从城市空间规划信息平台研发与应用入手，在"多规融合"技术体系、土地全生命周期智慧监管模式和城市指标量化评估等方面进行探索创新，建设升级了国土空间规划信息平台。平台支撑多规融合信息联动管理、工程建设项目审批管理、城市规划大数据定量研究等多层面需求，助推"多规"协调统一，成为推进国土空间治理体系和治理能力现代化的重要抓手。

主要内容

本项目以信息化提升空间规划全流程管理能力为目标，借助云计算、大数据、移动互联网等新技术，从城市管理数字化、智能化需求入手，集成全市域、多部门的信息资源，搭建集"资源共享、业务协同、网上监管、智能决策"于一体的空间规划信息平台。平台建设总体采用"3+3+N"的总

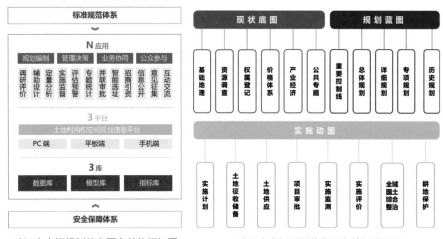

武汉市空间规划信息平台总体框架图　　武汉市空间规划信息平台数据体系图

体框架，即以数据库、模型库、指标库"3库"为支撑，研发PC端、平板端、手机端"3平台"，提供规划编制、管理决策、业务协同、公众参与等"N项"核心应用模块。项目亮点包括如下几个方面：一是升级了"多规"数据深度融合技术体系，通过多源数据融合、冲突监测等关键技术，实现国民经济、规划、国土等"多规"大数据统一管理；二是建立了存量挖潜到智能供地一体化土地"云推荐"模式，挖掘全市低效及潜力地块，推送至武汉土地招商云平台，供全球开发企业"云"上选地；三是建立了城市指标量化分析模型体系，评估规划审批管理带来的城市现状与建设规模的变化，实现了城市体征的全维度智能检测评估。

实施成效

该平台已在武汉市区各级政府、武汉市自然资源和规划局及下属分局、局属各事业单位、全市土地储备机构等40多家机构全面应用，在促进"多规融合"、加强底线管理、辅助城市高质量发展等方面具有积极的示范意义。

平台中运用的土地储备实施监测核心技术获得1项国家发明专利，取得计算机软件著作权登记证书2份，发表代表性论文12篇。

"规土融合"下土地全生命周期智慧监管系统及关键技术研究

编制完成时间： 2016 年

获 奖 情 况： 2016 年度国土资源科学技术奖二等奖

项目背景

随着城市建设快速发展，武汉市土地供应集聚效应不强、土地利用与规划冲突等问题日渐凸显。本项目借助武汉市"规土合一"的行政优势，探索创新土地全生命周期监管模式、数据有机关联和深度挖掘技术和信息平台建设，实现对土地利用全过程的智能监测和预警，以此破解特大城市土地利用监管难题。

主要内容

项目以服务中心城区土地利用的精细化、智能化管理为目标，对武汉市土地管理、规划管理、建筑工程管理和竣工验收等各环节的信息进行清理，建立了"规土融合"核心数据库，研发了土地全生命周期智慧监管系统。项目具备如下特色：一是构建了"规土融合"下大数据融合体系，加强多源数据融合治理、充分挖掘数据价值，实现了国民经济、规划、国土、交通等多源异构数据的融合与关联，为各级单位日常业务提供全面准确的数据服务；二是提出了土地全生命周期智慧监管模式，达成了计划、收储、供应、规划建管等30余个审批环节信息的有机关联与协同，实时掌握项目实施进度，并提供回溯查询、综合统计分析、智能预警等功能，实现土地利用全程动态监管；三是研发土地全生命周期智慧监管系统，建设了统分结合、"共数据、共平台、分业务、分权限"的数据库体系和信息平台，建立多层级、跨部门用户的协同办公机制，实现数据和平台的共享、共建、共用。

实施成效

该系统已在武汉市区各级政府、武汉市自然资源和城乡建设局及区分局、全市土地储备机构等多家单位全面应用，作为全市土地利用综合监管、"三旧"改造辅助决策、土地节约集约利用评价等方面的工作平台。系统核心技术于2017年荣获国家发明专利。

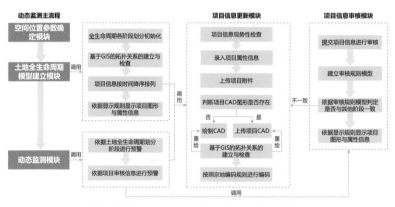

基于GIS的土地全生命周期智慧监管技术路线图

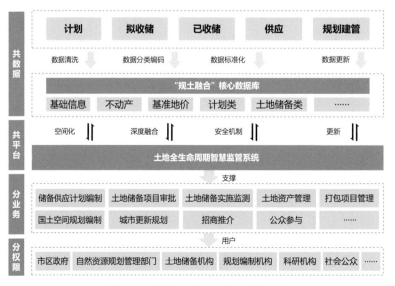

土地全生命周期智慧监管系统总体框架图

▌武汉工业经济云图建设与应用

编制完成时间： 2020 年
获 奖 情 况： 2020 年度地理信息产业优秀工程金奖

项目背景

为落实工业和信息化部关于推动工业互联网、工业大数据加快发展的要求，受武汉市经济和信息化局委托，中心围绕推动产业变革、加快转型升级的总体目标，以工业互联网国家顶级节点建设和创新应用为抓手，建设了武汉工业经济云图，服务工业经济智慧管理，支撑工业经济高速发展。

主要内容

武汉工业经济云图建设以反映经济运行情况、优化产业布局为导向，围绕工业企业和用地信息采集建库、工业经济运行监测需求和实际管理工作业务要点开展。项目定位为全市工业经济智能监测预警及产业空间资源保障的云端产业数字大脑，通过建立空间化的工业经济数据资产，搭建智能分析模型，赋能工业经济智能监测和产业布局优化。项目采用"一库两平台"的总体架构，建设了如下内容：一是建立工业经济时空数据库，摸清全市工业"家底"，项目融合了全市工业企业基本信息、经营信息与国土空间大数据工业用地信息等多源空间数据，建立了全方位、立体化的工业经济数据资源体系，夯实了全市工业运行监测的数据底盘；二是搭建工业经济运行监测平台，对工业用地现状、规划、实施过程进行全流程实时监测，有效识别批而未建、未批先建等用地及建筑密度过低等低效用地，为产业引进、补链强链提供充足空间资源保障，促进工业用地快产高产；三是搭建工业地理信息平台，支撑工业用地效能评估与智慧选址，项目从生产、效益、投资、用能等方面着手，构建涵盖21项量化指标的评估模型，全面诊断工业经济运行现状，为政府合理优化产业布局、科学规划产业发展空间、推动产业结构转型升级提供科学支撑。

实施成效

质量运行方面，系统自上线以来，运行稳定，访问量大，用户分布广泛，数据更新及时，已成为武汉市经济和信息化管理工作平台。社会效益方面，项目搭建的分部门分层级的工业运行和工业地理联合监测格局，打造了工业经济智能监测模式典范。辅助解决企业反馈问题400余个，高效助力政府为企业排忧解难，优化了营商环境。

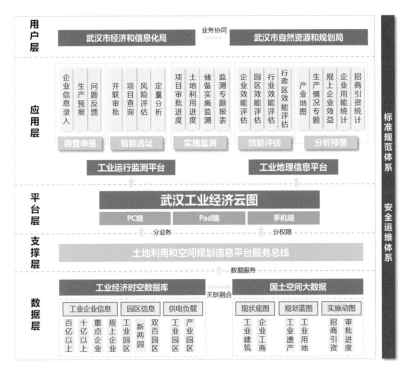

武汉工业经济云图总体框架图

▌武汉市教育资源综合管理平台

编制完成时间： 2021 年
获 奖 情 况： 2022 年度地理信息产业优秀工程银奖

项目背景

为科学统筹管理教育资源，优化教育用地资源整合和布局规划，全面提高利用大数据支撑保障教育管理、决策和公共服务的能力，受武汉市教育局委托，中心研发了武汉市教育资源综合管理平台。

主要内容

围绕教育资源调查和信息采集建库、教育建设项目进度监管、教育资源规划布局预警和实施动态评估等实际管理需求，打造覆盖市区政府、教育部门、中小学校及相关委办局的互联互通、开放灵活、多级分布、共治共享和协同服务

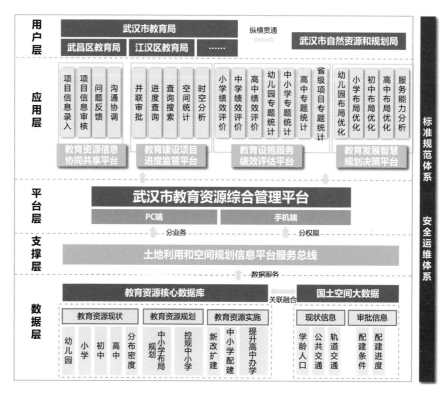

武汉市教育资源综合管理平台总体框架图

的教育资源云端数字大脑，助力大数据提升教育管理、决策和服务能力。项目采用"一库四平台"的总体架构，建设了如下内容：一是建立一套教育资源核心数据库，整合教育资源现状、教育资源规划、教育资源实施、基础信息、审批信息五大类信息，为科学、精准地评估教育设施服务状况及教育资源用地布局、制定教育发展规划和管理政策提供决策支撑；二是搭建教育资源信息协同共享平台，研发重大项目信息远程申报模块，打通市、区两级信息协同渠道；三是搭建教育建设项目进度监管平台，实现对教育设施项目建设全生命周期、实施进度分阶段展示、自定义查询搜索的多维度监管；四是搭建教育设施服务绩效评估预警平台，从全市和各区片层面对上学距离、上学安全性、生均用地、千人指标等多个指标进行评价分析，支撑教育发展布局规划评估和优化；五是搭建教育发展智慧规划决策平台，以教育设施服务绩效评估指标体系为依托，研发教育设施布局优化模型工具，为教育发展规划决策提供多维度辅助信息。

实施成效

质量运行方面，平台上线以来运行稳定，用户覆盖武汉市教育局主要业务处室及15个区（分）局，广泛用于各项管理工作；管理效益方面，平台建立线上、线下反馈双渠道，累计解决问题300余个，提升了全市教育管理、决策和公共服务的能力，切实响应了人民群众对教育设施优化配置的诉求。

昙华林夜景

第九章
Chapter 09
法治服务
为科学立法、严格执法提供技术支撑

1 综述

法治是治国理政的基本方式。行政机关行使公权力、管理公共事务需要法律的授权，更需要有严格的法律依据。面对一个个具体案例时，自然资源和城乡建设部门如何跟上时代步伐依法行政，需要理论和实际相结合潜心研究，中心多年来承担了这一任务。

2014年，武汉市政府发布《武汉市法治政府建设规划（2013—2017年）的通知》，同时制定了"加快推动政府职能向创造良好环境、提供优质公共服务、维护社会公平正义转变"的总体目标，这是法治建设在武汉市的推动路径与衡量标准。同年，为顺应法治建设需求，中心组建政策法规研究部，从协助办理自然资源和城乡建设领域行政案件、开展法制宣传培训等服务型管理工作入手，逐步拓展工作维度。

2019年，中心开始探索转型发展，工作重心从服务管理向服务立法、服务决策转移，逐步开展了政策法规研究、重大决策辅助、立法效果评估等一系列专项研究工作。多年来，中心始终坚持将法治要求贯穿到工作的全过程和各方面，为武汉市自然资源和城乡建设主管部门科学立法、严格执法提供了有力的技术支撑。

1.1 紧跟法治体系建设需求，布局五年发展规划

2019年5月印发的《中共中央 国务院关于建立国土空间规划体系并监督实施的若干意见》，明确提出建立"多规合一"的规划编制审批体系、实施监督体系、法规政策体系和技术标准体系要求。2020年，自然资源部发布立法工作计划，提出以加强国土空间开发保护、深化"放管服"改革为立法重点，不断提高立法质量和效率，充分发挥法治对自然资源管理改革的引领和保障作用。在此背景下，面对生态文明保护、国土空间规划、行政审批改革、营商环境改善等新局面和新要求，中心紧紧围绕自然资源和城乡建设部门"两统一"管理职责开展了自然资源和规划立法体系课题研究。

研究从法规视角和管理视角两方面展开，在全面梳理自然资源和规划领域千余部法律、法规、规章及政策文件的前提下，综合立法工作需求、管理工作需求和创新发展需求，以地方法治现状和行政管理工作实际为基础，结合实证与案例多角度分析，找出自然资源规划法律体系中存在的问题，聚焦立法薄弱环节和政策缺失部分，提出与现阶段自然资源利用和国土空间规划管理相适应的法律法规体系框架。

在此基础上，中心积极回应自然资源和规划管理系统性、整体性、重构性变革需要，充分利用武汉市作为副省级城市在立法权方面的优势，根据轻重缓急和立法条件成熟程度，科学编制了"十四五"期间立法规划，提出了"立、改、废"建议及时序，助力政府部门以立法工作引领和保障改革落地，为健全武汉市自然资源和规划法规体系提供理论支撑。

1.2 探索公共政策风险评估，筑牢行政决策"防火墙"

行政决策作为政府日常管理社会事务的主要方式，与社会大众、企业法人和其他组织的工作、生产和生活紧密相关，存在着各种诱发风险的因素。为了使行政决策更为科学合理，政府部门在作出重大行政决策前通过风险评估的方式预测和排查潜在风险，并提出有效的规避、防范建议，能真正实现对不稳定问题的源头管控和治理。

近年来，在全面推进依法治国的大背景下，中心坚持问题导向，聚集自然资源和规划领域热点、难点、堵点，通过面对问题、分析问题、解决问题找出行政风险点。

"全面支撑自然资源和规划系统依法行政工作"是中心一以贯之的工作重点，为有效防范日常行政管理工作中可能出现的许可风险，中心以行政案件为切入点，对自然资源和规划领域容易引发纠纷的规划管理、征地征收、执法监察、土地供应、不动产登记、信息公开6类行政案件进行了全面、深入的分析研究，总结形成了标准化办理模板。从内容深度、观点角度到格式标准、证据形式的方方面面均进行了标准化、模块化分类，并实时按照司法机关、审理机关最新审判尺度对模板内容进行动态更新。

同时，中心紧密结合工作实际，积极将管理工作经验制度化、规范化，参与拟定了《武汉市自然资源和规划局关于进一步规范行政案件应诉应答工作的通知》《武汉市自然资源和规划线索移交暂行办法》《武汉市自然资源和规划局关于进一步规范法律顾问服务工作办法》《武汉市自然资源和规划局关于进一步深化自然资源规划法治建设实施方案》等10余份管理文件，从制度上保障了依法行政工作的顺利推进。

在自然资源和规划领域，中心发挥自身专业特长，先后完成了《武汉市国土空间总体规划（2021—2035年）》和《武汉市普通中小学布局规划（2020—2035年）》两项公共政策的风险评估工作。针对规划成果前瞻性强的特点，评估在综合考虑空间范围和规划期限的情况下，立足于城市发展定位，对城市发展空间范围内容易引发社会稳定的各类风险进行多层次、多角度的深入识别。评估从实际出发，围绕合法性、合理性、可行性、可控性4个方面开展，通过综合研判社会稳定风险、生态环境风险、财政风险、公共安全风险，对决策实施的风险进行科学预测，并提出具体可行的风险防范建议；为政府部门决策提供有力依据，为保障规划有效实施奠定良好基础，为防范行政决策风险筑牢"防火墙"。

1.3 服务高水平精细化城市治理，参与制定系列政策文件

中心自成立以来，始终致力于城市规划设计和自然资源管理这两大公共政策研究，取得了一批丰硕的研究成果，得到了行业内专家学者的高度肯定。为了让研究成果真正发挥其应有的引领和指导作用，充分发挥它们的"生命力"，更好地服务于城市，中心主动探索，积极助推技术成果上升为规章制度，确保研究成果有用、能用、管用。

在城市风貌管控方面，为切实保护武汉市独特的自然山水风貌，实现城市能级和城市品质"双提升"，中心充分利用前期在功能区规划、城市设计、历史保护方面积累的设计经验和研究成果，探索将抽象规划理念融入具体制度文件。针对现状滨水临山地区通透性、层次性、协调性不足等问题，中心在全市200余个湖泊和山体周边划定了建设管控区域，通过视线通廊分级的方式灵活管控视线通廊的数量及宽度，并将管控范围和要求通过制度文件固化下来。进而推进管控指标上升为管理制度，中心负责起草制定了《武汉市滨水临山地区规划管理规定》，并按规定要求完成了后续各项立法程序。

在土地要素保障方面，中心聚焦用地政策，立足于现阶段武汉市土地利用管理实际，全面落实用途管理要求，从土地节约集约利用、土地市场建设、"标准地"管理、混合用地开发、"告知承诺制"改革等方面开展系列课题研究，以研究成果支撑立法实践，为提升武汉市自然资源配置效率、提高自然资源利用质量、推动经济高质量发展提供重要理论依据。各项研究内容均成为之后武汉市出台《关于加快推进全市新增工业用地"标准地"出让工作的通知》《关于在工程建设领域推行"承诺可开工"制度的意见》等文件的重要技术保障。

在实施效果评价方面，中心基于自身曾在城市更新保护、老旧小区改造等方面积累的研究经验，进一步拓展研究范围和深度，探索开展《武汉市国有土地上房屋征收与补偿实施办法》和《武汉市建设工程规划管理技术规定》立法后评估工作。针对被评估对象内容的合法性及必要性、经济效益的公平性及有效性、结构体系的逻辑性及协调性、实施中的适用性及可操作性展开多维度的综合分析评估，并根据评估结论提出"立、改、废"建议，为政府立法工作提供技术参考，从另一方面将研究成果融入制度内容。

在服务管理实践方面，中心在紧扣发展热点、紧密服务大局的同时，也立足"小切口"，着眼新课题，采取"短平快实"的研究方式，及时解决群众反映突出的实际问题。在不动产登记领域，因一房多卖、欺诈、胁迫导致的房屋交易买卖后续极易引发不动产登记纠纷，造成严重的经济财产损失，为充分保障群众的财产安全，中心携手武汉市自然资源和城乡建设主管部门、武汉市中级人民法院针对此类问题开展专题研究。在深入分析制度障碍、全面调研工作实际的基础上，中心迅速完成了研究课题，在合法、合规的前提下，大胆打破原有的政策壁垒，提出了具有较强操作性的解决方案，并及时将研究内容转化为《关于不动产转移登记原因证明材料被民事判决确认无效或撤销后不动产登记有关问题的通知》正式出台，用于指导全市不动产登记办证工作。2021年11月29日，《自然资源报》刊登专题文章向全国推广武汉经验。

多年来，中心一直站在改革的前端，通过大量的案例研究服务政府部门的行政管理，规避风险、助力改革；有力支撑政府部门依法全面履职、健全依法决策、深化体制改革、公正文明执法、强化权力监督等各项法治重点工作，高质量地完成了一个又一个重点研究课题，不断将理论成果转化为工作思路和目标任务，转化为管理办法和指导意见。至今，中心已完成了近10个武汉市政府法规、规章、规范性文件的调研、起草、修订、评估工作，内容涉及规划建筑管理、土地开发利用、不动产登记、审批制度改革等各方面，创新的一套较为成熟的管理方法和手段在全市乃至全国推广，形成的一批优秀成果得到各级部门奖励和肯定，为服务城市高质量发展贡献了自己的法治服务力量。

2022年，为进一步强化自然资源和规划领域政策法规研究，促进武汉市自然资源规划管理依法行政能力和决策水平的"双提升"，中心还积极与武汉大学、中南财经政法大学开展交流合作，探索建立高等学校、行政机关及科研机构协同发展的新型合作模式，充分发挥三方各自在学术、政策、技术方面的优势，聚焦自然资源和规划领域需解决的重点问题，开展前瞻性、基础性、战略性政策研究。目前，中心已就集体土地征收、不动产登记管理两个方向开展试点合作，争取通过三方优势互补、强强联合为武汉市管理制度改革、政策创新提供系统技术支持。

自然资源和规划管理直接涉及城市建设发展、生态文明建设、能源资源利用，涉及公民、法人和其他组织最重要的财产。这一领域迄今依然处于改革前沿，有大量法治建设的探索工作需要落实，有大量政策制度的空白需要填补。熟悉，才知问题何在，才能在法律法规研究领域坚持问题导向；聚集热点、难点，才能发挥立法研究工作的引领作用，推动中央和省、市重大决策部署的贯彻落实。

2 代表项目

▌《关于加强中心城区湖边、山边、江边建筑规划管理的若干规定》政策修订研究

编制完成时间： 2020 年
获 奖 情 况： 2023 年度湖北省优秀城乡规划设计奖三等奖

项目背景

为进一步保护武汉市独特自然山水风貌，塑造独具个性的城市景观，提升武汉市滨水临山地区城市品质，2021年，中心承担了武汉市《关于加强中心城区湖边、山边、江边建筑规划管理的若干规定》政策修订研究工作。

主要内容

项目在原政策的基础上，将适用范围由武汉市中心城区拓展到全市域，并划定城镇开发边界内的长江、汉江、湖泊及山体周边地区的具体管控范围。通过目标导向及现状问题两方面评估，针对范围缺失、释义模糊、弹性不足、条款冲突等问题，优化应管难管、新增应管未管的条款内容，体现规划编制与建设项目双管要求，最终修订形成《武汉市滨水临山地区规划管理规定》，主要修订内容包括以下3个方面。一是在通透性方面，明确应留出望江、望湖、望山视线通廊，并基于视线观赏理论研究、案例城市经验借鉴、项目用地不同尺度规律分析及方案模拟，形成不同尺度项目用地视线通廊宽度的管控要求。如项目用地临江、临湖、临山一侧宽度不足200m的，至少一条视线通廊的宽度应不少于30m（可含相邻地块建筑退距和城市道路宽度）；超过200m且不足500m的，至少一条视线通廊的宽度应不少于30m；超过500m的，至少一条视线通廊的宽度应不少于50m。二是在层次性方面，针对现状天际线"一斩齐"、缺乏纵深感的问题，结合相关城市案例对前后排建筑高度的管控研究、武汉市两江四岸城市设计及相关管理规定总结，对垂江与垂湖方向的公共和住宅建筑高度的层次性提出"前低后高、20%梯度变化"等管控要求。三是在协调性方面，基于相关案例城市建筑与山体的协调关系研究，对山边地区提出以山体海拔高度4/5处作为建筑高度控制线的要求，保护山脊线和山峦景观。

实施成效

2021年12月，武汉市自然资源和城乡建设主管部门正式发布《武汉市滨水临山地区规划管理规定》，有效指导了武汉市滨水临山地区国土空间规划城市设计编制及新建、改建和扩建项目规划管理。

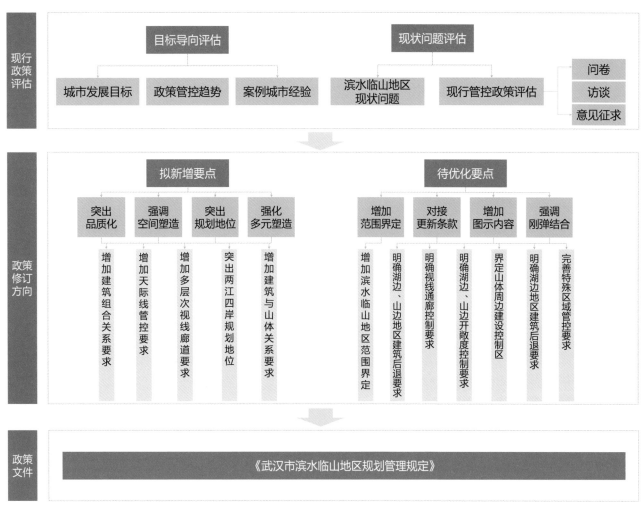

技术路线图

东湖风景区鸟瞰

▌城乡融合发展视角下的集体经营性建设用地入市政策研究——以武汉市为例

编制完成时间： 2020 年
获 奖 情 况： 2023 年湖北省优秀城市规划设计奖三等奖

项目背景

党的十九大和十九届五中全会，对健全城乡融合发展体制机制作出了明确部署，集体经营性建设用地入市是其中一项重点改革任务。目前国家对集体经营性建设用地入市在顶层设计方面仅通过《土地管理法》等法律法规作出原则性规定，具体政策路径仍需地方结合实际探索创新。武汉市正处于全面推进乡村振兴和农业农村现代化的关键期，亟待利用好集体经营性建设用地入市改革契机进一步健全城乡融合发展体制机制，努力打造城乡融合发展示范区。通过开展入市制度研究，构建"同权同价、流转顺畅、收益共享"的集体经营性建设用地入市制度，破除妨碍城乡土地要素自由流动和平等交换的体制机制壁垒，为武汉市推动乡村振兴和农业农村现代化注入新动能。

主要内容

项目本着"城乡融合、市场配置、农民主体"的总体要求，按照"现状梳理—问题导向—依法依规—经验借鉴—探索创新"的工作思路，探索建立"规划引领、产业优先、流转顺畅、收益共享"的集体经营性建设用地入市制度，重点对集体经营性建设用地入市的来源范围、供地条件、供地程序、职责分工等内容进行了研究。项目以规划为引领，划定了促进武汉市"空间+产业"互补互联的入市范围，有效促进了武汉市农村一二三产业融合发展并保障城镇发展空间；创新了市场为主导下的"就地+调整+整治"多种入市路径，以"城乡协同、立足实际"思路建立既竞争又互补、既公平又高效的城乡建设用地市场，促进了农村集体土地资源高效配置和流转顺畅；构建了以农民为主体的入市流程，在主体设置、程序规定上把参与权、选择权、决策权赋予农民和村集体，充分保障农民权益，并从细化职责分工、加强农村产权制度改革、完善全流程管理等方面搭建了保障机制。

实施成效

项目成果不仅为武汉市新一轮集体经营性建设用地入市试点实践探索提供了理论指导，也为下一步试点经验的推广和武汉市集体土地入市制度完善提供了有力支撑。武汉市蔡甸区作为试点地区，已将本研究核心结论纳入集体经营性建设用地入市工作的试点方案和相关政策中，最终促进武汉市城乡融合发展体制机制更加完善。

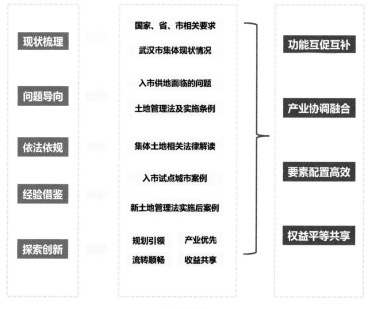

技术路线图

武汉市工程建设领域 "承诺可开工"制度研究

编制完成时间： 2022 年

获 奖 情 况： 2023 年度全国信用承诺特色案例

项目背景

2020年5月，武汉市政府出台《市人民政府关于在工程建设领域推行告知承诺制的意见》（武政规〔2020〕6号），在全市范围内开展"承诺可开工"试点工作。试点期间发现，"承诺可开工"作为工程建设项目审批制度创新，对推进项目尽快落地有明显的促进作用。为进一步深化工程建设项目审批制度改革，持续优化武汉市营商环境，将"承诺可开工"作为一项长期制度固定下来对稳增长、促发展具有重要意义。

主要内容

项目以实现工程建设项目"多证齐发"为目标，立足于当前工程建设管理工作实际，在全面评估政策试点期间推行效果的基础上，进一步落实最新改革要求，将"告知承诺制"系统延伸到工程建设项目全流程、全事项，构建形成了"承诺—践诺"闭环管理模式。针对"承诺可开工"制度涵盖内容丰富、涉及部门广泛的特点，项目搭建了牵头单位主导、服务机构支持的两级服务体系，充分发挥储备、招商、发改、审批各部门在行政管理及综合协调方面的能力优势，为企业提供全方位的高质服务。在流程设计上，为最大限度提高效率、项目有效整合审批资源、优化再造审批流程，提出了综合清单制度，通过"技术+政策""监管+保障"的管理模式，将工程建设项目审批各阶段、各环节进行无缝衔接。在此基础上，为落实监管要求，项目将工程建设与信用体系相结合，将审批改革与便民利企相结合，对监管职责、监管方式、监管内容予以具体化、精准化，切实保障改革要求落到位。

实施成效

项目成果转化为《市人民政府关于在工程建设领域推行"承诺可开工"制度的意见》（武政规〔2022〕14号），并于2022年8月正式出台，文件印发仅半年时间，已有多项工程采取承诺方式实现"多证齐发"，总用地规模超15万平方米。

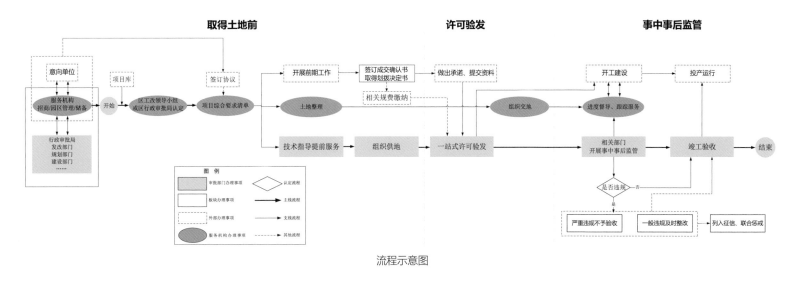

流程示意图

武汉市工业用地"标准地"政策研究

编制完成时间： 2020 年

项目背景

工业用地"标准地"出让是优化营商环境、转变政府职能、促进公开公平、提高审批效率的重要举措，对进一步厘清政府、市场和企业关系，切实降低制度性交易成本，充分激发市场活力，提升自然资源治理体系和治理能力水平，具有重要作用。2020年，为助力经济高质量发展，实现全市工业项目早开工、早建成、快投产、快达成的工作目标，中心结合全市土地集约利用规划，开展了工业用地"标准地"政策研究。

主要内容

项目基于武汉市管理实际，力求将"自上而下"的制度设计与"自下而上"的市场需求相匹配。针对工业项目集中的各级开发区，项目综合考虑产业布局、功能承接、资源聚集等因素，结合各区不同的资源禀赋和产业优势，分别从土地供应计划、园区区域性评价、"3+X"控制指标、信用承诺制度、竣工验收、达产复核、征信管理与监督等方面提出了制度建议。同时，针对全市工业用地"标准地"管理的组织领导、责任分工，改革协同等内容提出了系列保障措施。

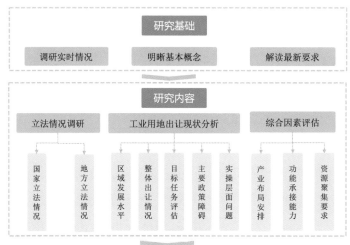

技术路线图

项目重点在供给模式优化、管理模式改革、标准体系搭建3个方面进行制度创新。一是通过简化、优化、标准化工业项目供地程序，建立了市场运作、政府统筹、企业履约、过程监管的"标准地"出让制度体系。二是提出了"事前定标准"与"事后严监管"相结合的双向管理模式，推行工业用地"标准地"项目先建后验。三是构建了工业用地"标准地"指标体系，明确了投资强度、亩均税收、单位能耗标准、单位排放标准等系列控制性指标。

实施效果

项目成果已转化为《市人民政府办公厅关于加快推进全市新增工业用地"标准地"出让工作的通知》（武政办〔2020〕118号）于2020年12月正式出台，为实现武汉市工业项目投资快速落地提供了政策支撑。

▌武汉市自然资源规划法律法规体系研究

编制完成时间： 2020 年

项目背景

2018年国家组建自然资源部，国土、规划原有两大行政板块在改革中合二为一。2019年，中共中央、国务院印发了《关于建立国土空间规划体系并监督实施的若干意见》，明确提出了到2020年，逐步建立国土空间规划体系，逐步建立"多规合一"的规划编制审批体系、实施监督体系、法规政策体系和技术标准体系。按照机构体制改革的总体方案，在自然资源利用与国土空间规划管理边界、管理方式、编制体系逐步调整的过渡阶段，要充分发挥法治对改革的引领和保障作用，及时开展法律法规体系研究，确定下一阶段立法工作计划，已成为一项重要基础性工作。

主要内容

项目按照"问题+目标"双重导向，"横向+纵向"全面调研，"数据+经验"多重比较，"实证+案例"相互印证的工作思路，以地方法治环境现状和行政管理工作实践为基础，从体系梳理、需求解析、规划安排方面展开研究。一是提出了以"法规规章+技术规范+规范性文件"为核心，以"配套制度"为补充的法治化政策体系框架；二是结合自然资源规划管理职能，围绕国土空间规划立法、自然资源产权体系建设、行政审批制度改革3个方面，重点从规划编制与实施、权益保护与利用、资源监督与检查、行政改革与规范角度系统分析了当前立法趋势需求、管理工作需求和创新发展需求；三是对标国家层面和发达地区立法动态，聚焦立法薄弱环节和政策缺失部分，从构成形式、完善内容、建设时序方面，制定了科学的立法规划，提出了明确的"立、改、废"建议。

实施成效

基于研究成果形成的"十四五"期间立法方向建议，被武汉市自然资源和城乡建设主管部门采纳，相关核心内容已纳入其年度工作计划，作为后期法治工作开展的重要依据。

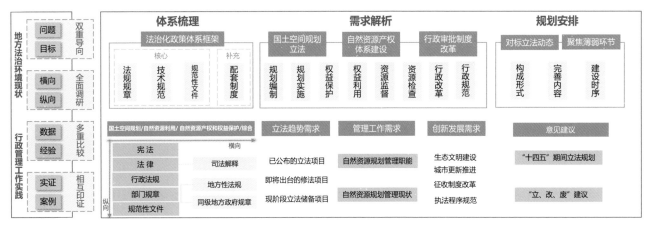

研究框架图

《武汉市国有土地上房屋征收与补偿实施办法》立法后评估

编制完成时间： 2021 年

项目背景

立法后评估作为立法工作的延伸，是了解规章实施效果、运行情况的主要途径，也是提高立法质量的重要方式。国家《法治政府建设实施纲要（2015—2020年）》明确提出"要定期开展规章立法后的评估工作，提高政府立法科学性"。在此背景下，中心以推进自然资源规划法治建设工作为导向，以群众关注度高的房屋征收工作为切入点，开展《武汉市国土土地上房屋征收与补偿实施办法》立法后评估工作，旨在通过评估，科学、客观地评价规章实施效果，掌握实施问题，提出"立、改、废"建议。

主要内容

评估工作在充分考量立法内容、立法程序等技术问题的基础上，更加关注受众反馈、推行效果等实施层面问题。为此，项目从规章的合法性与合理性、先进性与适用性、科学性与协调性角度，围绕基础内容、实施效果、经济效益3个维度设置了9项评估要素及若干评估指标，内容贯穿了办法从制定到实施的全过程，涉及立法价值、立法技术、立法效果等各方面。

为真实、客观反映实施效果，评估采取问卷调查、走访座谈、实地调研、部门自查等多种方式获取办法实施的现实情况信息。通过全面分析规章宣传贯彻情况、立法目的实现情况、配套制度完善情况以及实践中反映较多的产权调换限制、评估时点认定、补偿标准调整、执行程序规范等问题，进而综合得出评估结论，提出"立、改、废"建议，作为后续办法修改完善的重要依据。

实施效果

基于评估结论形成的办法修改建议被市政府正式采纳，并以武汉市人民政府第312号令形式于2022年10月对外发布。

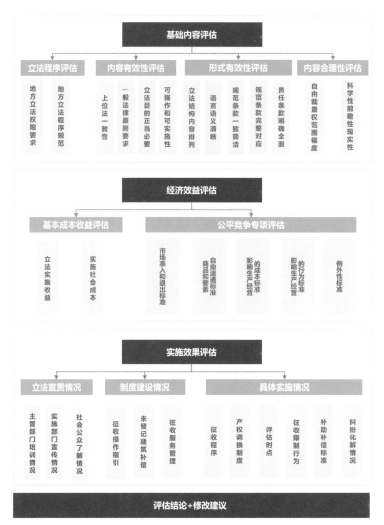

研究框架图

与城市共生长　武汉规划实施探索与实践20年

《武汉市中小学布局规划（2020—2035年）及近期建设规划》风险评估

编制完成时间： 2022 年

项目背景

为贯彻《中国教育现代化2035》提出的教育发展战略，落实市委、市政府关于加快中小学建设的相关要求，适应城市发展和人口变化新形势，武汉市2019年启动《武汉市中小学布局规划（2020—2035年）及近期建设规划》编制工作。该项规划作为一项重要的公共政策，其主要内容直接关系到人民群众的切身利益。为提前预判规划批复可能引发的风险，减少不必要的失误和不可逆的损害，根据《武汉市人民政府重大行政决策程序规定》要求，有必要在规划批复前开展专项风险评估工作。

主要内容

项目对批复《武汉市中小学布局规划（2020—2035年）及近期建设规划》行为可能造成的不利影响和潜在风险进行了调查识别和分析研判，科学确定了该决策事项的风险等级，提出了预防和控制风险的意见建议、防范措施和处置预案。

研究框架图

项目在充分考虑规划的全局性和长远性特征基础上，分别从决策四特性和风险四要点展开评估。一方面围绕决策合法性、合理性、可行性和可控性内容，重点评估了规划编制内容和程序规范情况、现实利益和长期利益兼顾情况、规划实施要素配备情况等指标。另一方面围绕生态环境、公共安全、财政保障和社会稳定内容，重点评估了城市"五线"影响风险、布局地段安全风险、实施与需求匹配度风险等指标。基于评估结论，项目提出了事前风险防范、事中风险监管和事后风险化解的处置预案。

实施效果

通过专项评估实现了风险治理关口前移，为《武汉市中小学布局规划（2020—2035年）及近期建设规划》的顺利获批提供了决策依据。

武汉市自然风貌

第十章

科研创新
打造特色鲜明的技术品牌

1 综述

多年来，中心始终围绕核心业务，高度重视科研创新工作。以健全的管理体系，人才队伍建设、搭建科研合作平台为抓手，推动科研工作有序进行；以业务部门、博士后及博士工作室、国际国内合作平台三层次团队协作，实现从实践到理论，再由理论服务更高水平实践的切换。同时，积极引进高端人才，抢占人才高地，先后成立了博士后工作站和工作室，招徕信息化、社区规划与治理、产城融合、城市生态4个方面的专业人才，结合中心的主导业务方向，让规划实践融入科研成果，让科研理论的研究在未来的项目编制中有了应用场景。

在与国内和国际交流领域，中心积极搭建交流平台，与国内外顶尖高校、组织、机构开展合作，不断探索行业热点和学术前沿知识，积极开展多领域的交流，并将多年技术深耕打造出可持续发展、城市健康等特色鲜明的技术品牌。

1.1 建立健全科研发展体系，推动"产研用培"一体化发展

中心科研工作重点围绕三大目标开展，一是促进中心行业影响力提升，加强成果转化，包括基金、科技奖项申报、知识产权和标准等成果；二是围绕解决业务问题开展科研，强调基础研究与应用研究相结合；三是夯实技术创新储备，提升中心核心竞争力，培养中青年科研人才团队。中心不断建立健全科研发展体系，探索科研管理新路径和新模式，加快构建有利于科技创新和科技成果转化的长效机制。截至2022年，共开展科研项目46项，其中技术研究和支撑部室33项，博士后工作站及博士工作室13项，25项成果转化为技术标准、生产项目或论文专利，有效强化了中心核心竞争力。

构建"2+N"的科研协同发展体系。"2"指基础研究和应用研究两大生产性服务研究，重点面向武汉城市空间，立足自然资源资产管理、生态资源保护利用和国土空间用途管制，围绕国家、政府、行业关注以及业务中的重难点问题开展，主要依托博士后工作站及博士工作室和业务部门团队开展研究；"N"指多项具有影响力

的特色研究领域，主要以依托国际组织、国际国内一流大学及相关设计机构为主体的科研合作平台开展，目前中心在公共空间、儿童友好、可持续发展、健康城市4个方面形成具有国内外影响力的技术特色领域。

探索"计划—项目制"组织管理模式。结合年度发展目标和工作重点，有组织地制定年度科研计划，推进开展科研立项和验收工作，围绕"基础研究+应用研究"加强成果应用和转化引导。实行"项目制"管理，打破部室为单位的传统科研组织模式，根据项目需求进行人才布局，集聚中心内外创新资源；围绕具体研究任务，集中力量攻克难题，打破壁垒，成立跨部门、跨机构的研究团队，资源共享、优势互补、有效合作。

中心以科研工作为纽带，将中心业务、创新技术运用、人才培养、职工专业化发展、合作交流等功能有机结合，促进"产研用"融合、"研用培"融合，提升中心的技术水平。

1.2 规划成果延伸学术研究，技术人才共促创新探索

以中心规划实践为基础，以规划需求为选题来源，中心的科研工作是对既有工作的总结，也是对未来规划需求的探索。为促进各业务部门积极参与到科研工作中，中心出台了一系列科研管理办法，培养技术人员从业务项目中总结科学规律的思维模式；并保持对学术前沿的敏锐度，开设博士后工作站、博士工作室，筑巢引凤，留住人才，让规划实践不断融入学术新理念。

构建多样的研究团队，有侧重地开展不同类型研究课题。以业务部门技术人员为主体的研究团队，侧重技术应用，弹性开展自主科研或与高校、专业机构等合作的联合科研，形成关键技术研究、技术标准研究等成果。以博士后工作站—博士工作室联动的科研团队，侧重学术前沿的探索，以业务部门的需求和高校合作内容为依托，形成研究报告、基金课题、论文专著和专利等成果。

立足部门特色建立差异化科研发展体系，技术创新持续转化为生产力，不断完善成果和理论的应用场景。业务部室"评价评估+特色研究"科研发展范式初步形成，其中，功能区、城市更新、土地价值集约节约、二三维一体化平台等方向的研究得到了全市广泛推广，儿童友好和公共空间方向的研究更是形成国际标准在全球推广。20年来，中心共发表近300篇学术论文，出版11本专著，获得14个软件著作权和3个国家发明专利。未来，中心的视角向生态保护利用等视角转变，基础研究团队将加强对自然资源、土地资产评估等方向的研究，助力中心的职能转变。

博士后工作站—博士工作室与中心业务部室、高校科研团队联动开展基础研究，多视角探索新领域，注重成果与应用的相互转化。2015年9月，中心获人力资源和社会保障部及全国博士后管理委员会批准，成为武汉市首家事业单位博士后科研工作站。为了确保博士后课题符合中心发展需要，招收"来之能用"的复合型研究人才，积极引导博士后制定中长期职业规划，为博士后配备科研设备及各类科研数据，构建全新的博士后薪酬体系，鼓励申报各类博士后基金和专项资助；为留住优秀的博士后人才，择优聘用出站博士后人才建立博士工作室，以出站博士后为带头人建立博士研究团队，强调业务和科研的相互促进，实现中心科研转型的战略发展。历时8年，中心共培养8名博士后，其中5人获湖北省、武汉市博士后创新岗位资助人选，共发表SCI/SSCI论文7篇，取得发明专利1项。针对中心规划和应用需求，中心成立城市更新与治理、地理空间信息两个方向

的博士工作室，未来还将开展生态资源保护利用、国土空间生态修复、自然资源开发利用等研究方向的博士工作室。

1.3 国际国内双平台技术交流，合作推动技术探索与升级

在专业技术的深耕离不开与国内外优秀平台的学习与交流，中心在广阔的平台上不断探索、实现能力和技术的突破。借助联合国人居署平台、国外顶尖设计机构接轨全球的理念和技术方法，以国际水准视野不断提升专业能力。中心常年与国内各大高校进行学术交流，通过搭建国际国内交流平台不断扩大"朋友圈"，不断学习、拓展科研技术方法，在公共空间、实施性规划、主体功能区体系方面形成中心的特色技术品牌。

与国际组织、机构搭建高层次的交流平台。多年来，中心与联合国人居署、国际规划师协会（ISOCARP）为代表的国际知名组织、国际优秀机构等建立可持续合作关系，在知识共享和能力建设方面卓有成效。2011年，第47届国际规划（ISOCARP）年会在武汉举行，中心作为协办机构首次参与举办大型国际会议，中心开始与国外行业协会之间建立紧密联系。自2015年至今，中心的多项研究成果获得ISOCARP的肯定，共计获得ISOCARP规划卓越奖4次。2016年，在联合国副秘书长的见证下，中心与联合国人居署签署谅解备忘录，自此，中心国际合作向更高层次发展的时代，编制成果也逐步向国际标准方向迈进。中心先后与人居署完成了五期"中国改善公共空间项目"，双方推动武汉成立"联合国人居署中国改善城市公共空间项目培训基地"。多年来的交流与技术品牌打造让中心有了世界知名度，这使得中心应邀参加和组织了多项国际活动：PlacemakingWeek（场所营造周）、世界城市日、"2018年龟北片区国际学生设计竞赛""2019年乡村振兴国际创新嘉年华"等活动，受到全球的广泛关注，更吸引了大批专家和学者来汉交流。

与国际优秀机构联合成立高水平的设计联盟。中心纳百家之长，与多个国际优秀机构合作，打造了一批高水平设计和高质量建设典范项目。发挥美国SOM建筑设计事务所、荷兰凯谛思（Arcadis）工程咨询公司在城市设计和详细规划领域特色，中心与他们联合开展了二七滨江核心商务区、汉正街文化旅游商务区等区域实施性规划合作；发挥法国AREP设计集团、荷兰凯谛思工程咨询公司、澳大利亚汤姆森艾德赛设计公司（Thomson Adsett）、日本株式会社日建设计在绿色生态、海绵城市、基础设施一体化开放等方面的优势，中心与他们联合开展了联合开展中法生态城、地铁城市等项目合作。2022年，中心与50多家单位共同成立"武汉生态保护与利用规划设计产业联盟"，通过紧密合作，探索多部门协同下生态保护和修复的新路径，寻求生态保护的"武汉模式"。

积极与国内高校、行业机构开展合作，以实现优势互补、协同创新。为"打造具有特色性和示范性、业内领先的科研工作站"，中心与同济大学、华中科技大学、武汉大学、华中师范大学等高校博士后流动站签署联合培养协议，共同培养博士后人才；同时，中心与各大知名高校在城市规划、景观设计、地理信息等领域进行了一系列的合作与探索，通过搭建"产学研"合作示范基地，相互进行了人才培养，提高员工的技术水准。国际方面，中心与美国、荷兰、澳大利亚、挪威等国家的知名高校搭建交流平台，组织中心职工与海外学者就规划设计理念与知识开展学习和交流，并将培训成果在生产中的转化。

　　中心积极参与行业协会、学会的相关工作。2005年，受武汉城市规划协会委托，中心负责筹建了规划管理专业委员会，构筑武汉市城市规划协会与其他行业协会之间持续培训与专业合作的平台。2018年，中心成为中国土地学会城市分会的主任委员单位，每年开展行业热点研究调研报告、组织城市土地分会、组织申报科技进步奖等工作。

　　一个不断长大和更具创造力的团队是中心开拓、理念的基石。历经20年发展，中心目前拥有各类专业技术人才180余人，共培养享国务院政府特殊津贴人员2人，省政府津贴及省突出贡献人员2人，市级专家12人，博士后8人。300余项科研成果荣获国内外各级奖项，其中4次获得国际规划师协会（ISOCARP）最高奖——规划卓越奖，获国家级其他奖项32项目，出版专著9部，发表学术论文300余篇。

　　秉承厚积薄发、守正出新的理念，在部级层面，中心承担了重大改革课题"健全国家自然资源产权制度研究"；中心自主研发的"汉地云"智能招商云平台入选国务院办公厅推广案例。在省级层面，系统提出了"规土融合"土地节约集约评价体系，形成可复制可推广的评价标准。在市级层面，构建了武汉市全域国土空间功能区体系和用途管制规划，引导规划有效实施，探索出一套武汉实施性规划的实践路径和工作模式。以城市更新为抓手破解实施瓶颈，武昌古城昙华林成功入选省级首批旅游区。通过打造"产业创新、生态宜居、低碳示范、和谐共享"的中法武汉生态城，成为可示范、可复制、可推广的城市可持续发展标杆。

　　联合国人居署对与中心5年的合作评价道：武汉试点项目是推动'中国以人为本的公共空间项目'的关键力量，联合国人居署与中心多年的伙伴关系已成为联合国人居署在中国开展高质量合作的标杆。

　　所谓"心心在一艺，其艺必工；心心在一职，其职必举"，无论是在与高校和国际平台广泛交流中，还是在业务基础和学术前沿的实践探索中，中心都以勤学长知识，以苦练精技术，以创新求突破。

2 合作交流

与联合国人居署开展项目合作

与联合国人居署于2016年签署谅解备忘录，并分别于2019年、2022年续签备忘录

联合国人居署"中国改善城市公共空间"培训基地揭牌　　　与联合国人居署开展合作探讨

与联合国人居署合作开展公共空间评估及公众参与、城市繁荣指数研究、尼泊尔援建、防疫指南等项目

与城市共生长　武汉规划实施探索与实践20年

获得国际奖项

国际城市和区域规划师学会（ISOCARP）规划卓越奖部分奖状奖杯
（中山大道、东湖绿道、江汉区公共空间、儿童友好型城市等项目）

2023年ISOCARP特等奖——金银湖"大湖+"项目主创人员

2023年ISOCARP优胜奖——杨园工业遗产区项目主创人员

参与组织国际活动

2011年与国际规划师协会共同组织筹备第47届国际城市和区域规划师学会（ISOCARP）年会

2017年与联合国人居署联合主办公共空间公众参与活动

2018年与联合国人居署主办场所营造周活动

2018年与联合国人居署联合主办国际城市设计学生竞赛

2019年联合国人居署乡村振兴国际创新嘉年华

建设博士后工作站

博士后科研工作站授牌仪式

博士后考核答辩会现场

中心博士参加各类论坛、沙龙、学术交流等活动

与高校及机构战略合作

2004年与规划协会会谈

2005年与土地交易中心合作签约仪式

2012年与澳大利亚新南威尔士大学合作签约仪式

2013年与国家土地督察武汉局合作共建签约仪式

2021年与武汉大学城市设计学院举行战略合作协议签约仪式

2024年与中国地质大学公共管理学院战略合作协议签约仪式

组织开展技术交流

2004年参加武汉市房地产知识培训

2011年与荷兰代尔夫特理工大学技术交流

2017年组织技术人员赴澳大利亚新南威尔士大学开展一年期培训学习

2021年首次组织开展"技术大比武"活动

2021年协办中国·武汉第一届生态保护与利用高峰论坛

2022年中心项目指导

党工团活动

2001年义务植树

2004年第一届领导班子民主生活会

2005年中心工会成立大会

2008年中心运动会

2009年美化社区环境志愿者活动

2014年表彰大会

党工团活动

2015年"万名干部进万村入万户"慰问

2019年义务植树活动

2020年党支部活动

2021年党建知识竞赛

2021年辛亥革命博物馆参观

2023年走访社区困难群众

附表

中心历年来重要项目奖项

序号	项目名称	获奖类型及等级
1	东西湖区金银湖"大湖 +"实施性规划	2023 年国际城市与区域规划师学会（ISOCARP）规划卓越优秀奖
2	杨园设计产业片城市更新单元实施方案	2023 年国际城市与区域规划师学会（ISOCARP）规划卓越优秀奖
3	"一米视角"下的武汉儿童友好城市规划实践	2022 年国际城市与区域规划师学会（ISOCARP）规划卓越优秀奖
4	以人为本的参与式规划、高密度城区公共空间改善的成功实践——武汉市江汉区公共空间品质提升规划	2019 年国际城市与区域规划师学会（ISOCARP）规划卓越优秀奖
5	东湖绿道实施规划	2018 年国际城市与区域规划师学会（ISOCARP）规划卓越优胜奖
6	中山大道街区复兴规划	2016 年国际城市与区域规划师学会（ISOCARP）规划卓越优秀奖

序号	项目名称	获奖类型及等级
1	超大城市现代化治理与空间规划智慧决策关键技术集成与应用（联合）	2020 年度中国城市规划学会科技进步奖二等奖
2	城市建设用地节约集约利用详细评价技术指南	2020 年度中国城市规划学会科技进步奖三等奖
3	"规土融合"的特大城市土地节约集约利用评价体系构建与应用	2018 年度国土资源科学技术奖二等奖
4	"规土融合"下土地全生命周期智慧监管系统及关键技术研究	2016 年度国土资源科学技术奖二等奖
5	新型城镇化背景下鄂湖黔三省土地问题与对策研究	2016 年度国土资源科学技术奖二等奖

序号	项目名称	获奖类型及等级
1	中法武汉生态示范城总体城市设计	2019 年度全国优秀城乡规划设计奖一等奖
2	武汉市规划管理"一张图"体系及关键技术研究	2013 年度全国优秀城乡规划设计奖一等奖
3	面向全球的新冠疫情城乡社区防控指南研究—基于武汉防控实践	2021 年度全国优秀城乡规划设计奖二等奖
4	"一米视角"下的武汉儿童友好城市规划实践	2021 年度全国优秀城乡规划设计奖二等奖

序号	项目名称	获奖类型及等级
5	武汉市空间规划信息平台研发与应用	2019 年度全国优秀城乡规划设计奖二等奖
6	武汉市城市总体规划（2017—2035 年）（联合）	2019 年度全国优秀城乡规划设计奖二等奖
7	联合国人居署"中国改善城市公共空间"首例示范项目：武汉东湖绿道实施规划	2017 年度全国优秀城乡规划设计奖二等奖
8	武汉市重点功能区数字三维平台建设与应用示范	2015 年度全国优秀城乡规划设计奖二等奖
9	武汉地铁城市规划	2015 年度全国优秀城乡规划设计奖二等奖
10	汉正街都市工业园改造规划	2006 年度全国优秀城乡规划设计奖二等奖
11	武汉市"十四五"城市更新规划	2021 年度全国优秀城乡规划设计奖三等奖
12	昙华林历史文化街区保护及提升规划	2021 年度全国优秀城乡规划设计奖三等奖
13	武汉市国土空间功能区体系和用途管制规划	2021 年度全国优秀城乡规划设计奖三等奖
14	武汉东湖绿心生态保护与综合提升规划	2021 年度全国优秀城乡规划设计奖三等奖
15	新时期产业新城控规编制探索——武汉市蔡甸区常福新城控制性详细规划修编	2021 年度全国优秀城乡规划设计奖三等奖
16	全国城市设计试点城市管理研究——武汉市城市设计重点地区划线规划	2019 年度全国优秀城乡规划设计奖三等奖
17	武汉东湖湖景天际线规划管控研究	2019 年度全国优秀城乡规划设计奖三等奖
18	长江大保护视角下的武汉历史之城规划研究	2019 年度全国优秀城乡规划设计奖三等奖
19	武汉东湖城市生态绿心规划研究与实践	2019 年度全国优秀城乡规划设计奖三等奖
20	武汉市城市住区规划研究	2017 年度全国优秀城乡规划设计奖三等奖
21	武汉市土地节约集约利用评价与存量规划	2015 年度全国优秀城乡规划设计奖三等奖
22	汉口滨江国际商务区二七核心区实施规划	2015 年度全国优秀城乡规划设计奖城市规划类三等奖、规划信息类二等奖
23	武汉市主城区建筑色彩和材质规划	2015 年度全国优秀城乡规划设计奖三等奖

序号	项目名称	获奖类型及等级
24	武汉市职住平衡及规划对策研究	2013 年度全国优秀城乡规划设计奖三等奖
25	武汉市滨水、临山区域控制性详细规划细则——以南湖、武昌滨江、营盘山周边地区为例	2013 年度全国优秀城乡规划设计奖三等奖
26	武汉市江汉区土地集约利用评价与发展规划	2013 年度全国优秀城乡规划设计奖三等奖
27	武汉市汉口沿江商务区实施规划	2013 年度全国优秀城乡规划设计奖三等奖
28	武汉市城市设计编制与管理技术库研究	2011 年度全国优秀城乡规划设计奖三等奖
29	武汉市南湖周边地区城市设计	2011 年度全国优秀城乡规划设计奖三等奖
30	武汉市立体空间规划及空间特色规划指引	2011 年度全国优秀城乡规划设计奖三等奖
31	武汉市二环线地区城市设计	2009 年度全国优秀城乡规划设计奖三等奖
32	中共五大会址周边历史地段综合规划	2009 年度全国优秀城乡规划设计奖三等奖
33	武汉硚口"环同济健康城"产业空间及城市更新改造规划	2017 年度全国优秀城乡规划设计奖表扬奖
34	武汉市保障性安居工程实施性规划研究	2011 年度全国优秀城乡规划设计奖表扬奖

序号	项目名称	获奖类型及等级
1	武汉市土地招商云平台（"汉地云"）关键技术研究与应用	2021 年度地理信息科技进步奖一等奖
2	基于 BIM、CIM 的建设项目报建关键技术与应用	2021 年度地理信息科技进步奖二等奖
3	基于社区治理的城市更新精细化管理决策系统关键技术研究及应用	2020 年度地理信息科技进步奖二等奖
4	建设用地全生命周期决策支持系统及关键技术研究	2019 年度地理信息科技进步奖二等奖
5	武汉工业经济云图建设与应用	2021 年度地理信息优秀工程金奖
6	武汉市教育资源综合管理	2022 年度地理信息产业优秀工程银奖
7	武汉市招商引资项目国土规划督办系统	2020 年度地理信息产业优秀工程银奖

序号	项目名称	获奖类型及等级
1	武汉市旧城改造课题研究	2008 年度全国优秀工程咨询成果二等奖
2	武汉二七商务核心区规划	亚洲国际房地产大奖最佳未来项目金奖（MIPIM Asia Awards）
3	武汉市江汉路步行街环境品质提升规划	2022 年国际风景园林师联合会亚非中东地区风景园林奖（IFLA AAPME）荣誉奖
4	武汉市东西山系生态廊道概念规划及核心示范段概念景观设计	2022 年度中国风景园林学会科学技术奖（规划设计奖）二等奖
5	武汉市江汉路步行街环境品质提升规划	2021 年中国风景园林学会科学技术奖（规划设计奖）二等奖
6	"大湖 +" 模式下的紫阳公园综合规划设计	2021 年度园冶杯市政园林奖公园类银奖
7	武汉市东湖绿道之磨山公园景观设计	2020 年度园冶杯市政园林金奖

中山大道夜景全景

AFTER 后记
WORD

这是一本以规划实践与实施为线索，为武汉城市发展写下注脚的书。

过去20多年，是武汉城镇化高速发展期。从面临"武汉在哪里？"之问到清晰勾勒出国家中心城市、长江经济带核心、新发展格局先行区的明确定位，城市规划在其中发挥了举足轻重的作用。中心正是在这段激荡的历史进程中，从最初几人的团队发展壮大到拥有土地利用规划、城乡规划编制双甲级资质的研究型机构，与城市生长相伴前行。

回顾本书的编写历程，从构思、写作到成篇历时4年，数易其稿，终得面世。在此，特别感谢武汉市自然资源和城乡建设局对中心的指导，武汉市规划研究院、武汉市测绘研究院、武汉市土地交易中心等兄弟单位的支持，以及联合国人居署带来的国际化视野。在文字的反复提炼梳理中，希望本书不仅是对过去工作的总结，更是以敬畏之心剖析过往20多年的经验与教训，为业界留下所思所想，推动城市规划事业的不断向前。

作为武汉发展的见证者和参与者，从土地市场拍卖第一锤到城市更新的转型，中心的历届负责人和规划师们，试图用智慧与汗水寻找时代命题的"最优答案"；从规划实施单体项目的探索，到国土空间规划新格局的开启，努力用突破与创新让规划蓝图走出落地实施的"艰难一步"；从历史街区保护、用地论证的反复斟酌，到城市与自然和谐共生生态理念的推进，牢记初心与坚守，将人的幸福感放在首位，以人为尺度让城市更加宜居宜业。

随着本书编撰的深入，中心同仁们更加感受到肩负责任的重大。作为一名规划师，我们的梦与这片土地相结合，做的每一个规划决策都是对城市未来的一次承诺。我们思考如何发挥土地的最大效益，如何保护赖以生存的自然生态，如何引领科技与城市的融合，我们参与时代的发展、城市的嬗变，这些既是对我们自身价值的追求，也将不断激励我们为城市未来画出"对"的那一笔。

城市是永不完结的作品。本书从中心参与重大规划项目视角管窥城市发展，试图对过往工作进行总结，不免在内容上有所疏漏、在观点上有所偏颇，希望作为抛砖引玉之作，后续者能在此基础上锦上添花，更进一步，共同书写武汉发展新的篇章。

本书编者

审图号：武汉市s（2024）040号

图书在版编目（CIP）数据

与城市共生长：武汉规划实施探索与实践20年 / 郑
振华等编著. -- 北京：中国建筑工业出版社，2023.12
　ISBN 978-7-112-29345-2

Ⅰ.①与… Ⅱ.①郑… Ⅲ.①城市规划—城市史—武
汉 Ⅳ.①TU984.263.1

中国国家版本馆CIP数据核字（2023）第222285号

责任编辑：刘　丹
责任校对：王　烨

与城市共生长　武汉规划实施探索与实践20年

武 汉 市 自 然 资 源 保 护 利 用 中 心　编著
郑振华　李延新　汪　云　亢德芝　陈　伟 等
*
中国建筑工业出版社出版、发行（北京海淀三里河路9号）
各地新华书店、建筑书店经销
北京锋尚制版有限公司制版
北京富诚彩色印刷有限公司印刷
*
开本：889毫米×1194毫米　1/12　印张：21⅓　插页：1　字数：420千字
2024年12月第一版　　2024年12月第一次印刷
定价：**268.00**元
ISBN 978-7-112-29345-2
　　（42025）